치매 고령자의 요양환경

양금석

치매 고령자의 요양환경

양금석

도서출판 디자인 21

머리말

최근, 우리나라는 고령 인구의 급증으로 고령화지수도 급속도로 높아지고 있으며 초고령 사회 진입을 목전에 두고 있다. 그러함에도 불구하고 고령자를 위한 각종 서비스시설은 아직까지 충분하지 못한 실정이다. 인간을 둘러싼 건축적 환경이 개개인들의 생활에 미치는 영향은 결코 작지 않다. 특히, 신체적·정신적으로 건강한 고령자들은 물론, 치매나 노인성 질환을 앓고 있는 고령자들에게는 더욱 큰 영향을 미친다.

치매는 뇌와 연관된 질환이며, 증세가 반드시 고령자에게만 나타나는 것도 아니다. 다만, 고령자에게 많이 발병하며, 특히 80세 이상의 고령자에게 주로 발병하는 것으로 알려져 있다. 그중에는 알츠하이머병, 루이소체치매, 뇌혈관성 치매로 등의 순으로 많이 발병하는 것으로 나타나고 있다. 인구의 고령화와 더불어 우리나라에서도 치매를 앓고 있는 사람의 수는 매년 증가하고 있으며, 65세 이상 고령자의 치매 유병률은 2040년 12.7%로 증가할 것으로 예측하고 있다.

과거 대가족 형태를 유지하며 생활해 왔던 때는 가족 중에 치매를 앓는 고령자가 있다고 하더라도 가족 구성원의 케어를 통하여 일상생활을 유지하였지만, 지금은 핵가족화되고 더 나아가 1인 가구가 급증하는 상황이어서 가족 구성원의 케어로 감당하기 어려운 사회적 상황이 되었다.

따라서 전문적인 생활 케어를 받을 수 있는 요양시설에 입소하여 요양생활을 할 수밖에 없는 경우도 많다. 그러나, 현실적으로는 치매나 노인성 질환 등으로 일상생활에 케어를 필요로 하는 고령자를 위한 노인요양시설이 양적으로나 질적으로 여전히 부족한 실정이다.

치매 고령자를 위한 노인의료복지시설의 설계에 있어서 치매를 질병이 아니라 장애로 보는 것이 도움이 된다. 그렇게 하면 장애를 가진 고령자의 신체적 기능을 건축물이 보완할 수 있도록 명확한 지침을 제공할 수 있기 때문이다. 장애인으로 본 경우, 치매의 특징으로서는 기억력의 손상, 사고력의 손상, 학습능력의 손상, 높은 수준의 스트레스 및 사회적인 환경이나 건축적인 환경에 대한 예민한 감각 등을 들 수 있다.

현재, 운영되고 있는 많은 노인의료복지시설도 입소 고령자의 생활 전개를 위해서는 공간이 다양하지 못한 시설이 많고, 여전히 시설의 경영적, 관리적 측면을 중시하여 계획된 노인요양시설이 많다.

노인요양시설은 치매 고령자가 자신이 어디에 있으며, 어떻게 왔는가 하는 기억에 의지하지 않아도 사용할 수 있는 요양시설, 어디로 가고자 했던가를 잊어버려도 살아갈 수 있는 요양시설, 또 스트레스를 최소화시키는 요양시설이어야 할 것이다.

치매 고령자를 위한 요양시설이 이러한 조건을 갖추기 위해서는 고령자의 생활을 존중하고, 요양시설 입소 고령자 개개인의 생활 스타일에 맞추어 생활서비스를 제공해야 한다. 게다가 대부분의 노인요양시설에는 치매 고령자와 비치매 고령자가 같이 생활한다는 점을 고려, 치매 고령자의 문제행동으로 인하여 비치매 고령자의 일상생활 전개에 지장을 초래하는 일이 최소화될 수 있도록 공간을 구성하는 것이 중요하다.

따라서, 치매 고령자를 위한 노인요양시설의 계획 및 디자인에 있어서도 치매를 병이라고 생각하기보다는 장애라고 생각하여 건축적 대안을 모색하는 것이 바람직하다.

디자인적인 배려는 치매 고령자를 쾌적하게, 안전하게, 청결하게 유지하도록 하여 배회와 같은 문제행동에 대처할 수 있는 건축공간을 제공하게 된다. 치매를 장애하고 생각하는 경우, 치매 고령자를 위한 요양시설 디자인에 있어서 중요하게 다루어야 할 내용은 다음과 같다.

- 생활공간이 안전한 디자인이어야 한다.
- 자존심을 높일 수 있는 디자인이어야 한다.
- 신체적 장애를 보완하는 디자인이어야 한다.
- 자립 생활을 촉진하는 디자인이어야 한다.
- 개개인의 차이를 보완하는 디자인이어야 한다.
- 생활 케어의 효율을 도모할 수 있는 디자인이어야 한다.
- 어디에 있는가, 어디로 가야 하는가를 알기 쉬운 디자인이어야 한다.
- 지역사회, 가족과의 연계를 강화할 수 있는 디자인이어야 한다.
- 자극의 크기를 조절할 수 있는 디자인이어야 한다.

따라서, 다양한 속성을 지닌 고령자나 각종 질환으로 인하여 일상생활에 불편을 안고 있는 많은 고령자가 노인병원이 아닌 노인요양시설에 입소하여 요양생활을 하고자 할 때, 주택과 유사한 분위기의 생활공간에서 고령자 개개인의 다양한 니즈와 생활 리듬에 맞추어 자유롭게 일상생활을 보낼 수 있어야 한다.

그렇게 할 수 있도록 하기 위해서는 입소 고령자의 일상생활 케어와 생활 특성을 수용할 수 있는 여유로운 시설환경과 입소 고령자의 다양한 케어니즈에 부응할 수 있는 스탭과 프로그램을 갖춘 노인의료복지시설이 요구된다.

따라서 노인의료복지시설 계획에 있어서 고려해야 할 사항이 많이 있지만, 본서에서는 가장 중요한 입소 고령자, 특히 치매 고령자의 요양생활 전개에 초점을 맞추어 치매 고령자를 위한 바람직한 요양시설 계획의 방향을 정리, 제시하고자 한다.

노인의료복지시설에서 '공간복지'를 구현하여야 고령자들이 치매나 노인성 질환 등으로 인하여 부득이하게 요양시설에 입소하여 생활을 하게 되더라도 건축환경 때문에 받게 되는 차별을 조금이라도 줄일 수 있다고 믿고 있다. 또한, 사례 시설들은 모든 면에서 탁월하다기 보다 시설의 개성이 부분적으로 잘 드러나 있다고 판단하여 정리하였다.

마지막으로 초고령 사회에 살아가야 하는 상황에서 보다 발전된 생활환경을 갖춘 노인요양시설의 확대를 기대해 본다.

2023. 12

양금석

차례

머리말 ········ 4

제1장 초고령 사회와 고령자 ▶ 11

1.1 노인이란? ········ 13
1.2 인구의 고령화와 고령자 ········ 22
1.3 고령자의 신체적 특징 ········ 26
1.4. 고령자와 질병 ········ 30
1.5 고령자와 치매 ········ 36

제2장 치매 고령자를 위한 케어 ▶ 45

2.1 치매 고령자의 케어니즈에 대한 이해 ········ 47
2.2 치매 고령자를 위한 케어 스킬(Care Skill) ········ 50
2.3 치매 고령자의 생활과제 ········ 68

제3장 초고령 시대 고령자를 위한 생활 공간 ▶ 75

3.1 전문화된 개별 시설로서 대응 ········ 77
3.2 100세 시대의 고령자를 고려한 주택설계 고려 ········ 81
3.3 주거정책과 복지정책의 연계 강화 ········ 86
3.4 주변 생활공간의 무장애 공간 실현을 목표 ········ 93

제4장 치매 고령자를 위한 노인요양시설 계획 ▶ 97

4.1 치매 고령자의 노인요양시설 입소 ········ 99

4.2 치매 고령자의 생활 케어와 노인요양시설의 환경 ········· 102
4.3. 노인의료복지시설의 시설 기준 ········· 109
4.4 노인요양시설의 생활공간 계획의 방향 ········· 129

제5장 자택이 아닌 재택 분위기의 노인요양그룹홈 ▶ 179

5.1 노인요양그룹홈에서의 생활 모습 ········· 181
5.2. 치매 고령자를 위한 노인요양그룹홈의 건축계획 포인트 ········· 183
5.3 가정적인 분위기 형성을 위한 고려 사항 ········· 193
5.4 비용 ········· 219
5.5 노인요양그룹홈 생활공간 계획사항의 체크리스트 ········· 220

제6장 노인요양시설 및 노인요양그룹홈의 사례 ▶ 223

더빌리지 (호주) ········· 225
린데룬 (노르웨이) ········· 226
장성프란치스코노인요양시설 (한국) ········· 227
고성치매전문요양시설 (한국) ········· 228
특별양호노인홈 와키엔(和喜園) (일본) ········· 229
특별양호노인홈 소레이유온가 (일본) ········· 230
노인요양그룹홈 한보리노인요양센터 (한국) ········· 231
노인요양그룹홈 e햇살복지센터 (한국) ········· 232
그룹홈 나리타노이고이 (일본) ········· 233
그룹홈 민나노이에요코하마이다기타2 (일본) ········· 234
개호노인보건시설 오아시스 (일본) ········· 235

참고문헌 ········· 236

제1장
초고령 사회와 고령자

1.1 노인이란?

1.1.1 인간의 노화

오늘날 우리 사회를 고령화 사회, 고령 사회라고 자주 말하고 있다. 접근하기에 따라서 그 사회가 고령화되고 있다고 생각할 수도 있다. 또 다른 한편에서는 역사가 오래된 사회를 고령화 사회라고 할 수도 있을 것이다. 그러나 고령화 사회가 의미하는 것은 그러한 것이 아니라 그 사회의 구성원이 고령화되어 있다고 하는 것을 나타내고 있다는 것은 두말할 필요도 없다. 그렇지만, 사회 구성원의 고령화를 어떠한 척도로 측정하여 어떻게 정의하는가에 대해 확실한 답을 가지고 있는 사람은 의외로 많지 않다.

오늘날 흔히 사용되고 있는 고령화 사회나 고령 사회에 대하여 정의할 때 사용하는 척도에는 두 가지가 있다. 하나는 구성원의 평균연령을 이용하는 경우이다. 예를 들어, 구성원의 평균연령이 65세 이상이 되면 그 사회는 '고령화 사회'라고 정의하는 것이다. 다른 하나는 구성원 가운데 노인(老人)이 차지하는 비율이 예로써 7%를 넘으면 그것을 '고령화 사회'라고 하는 경우이다. 현재 사용하고 있는 정의는 후자이다. UN에서 정하고 있는 기준을 따르고 있기 때문이다. 다만 이 경우에는 '노인'에 대해 정의하여야 하는데, 이것도 65세 이상을 노인이라고 하는 것으로 WHO(세계보건기구)에서 정의하고 있다. 2020년 현재 우리나라는 고령화율 15.7%로 세계에서도 장수국(長壽國)이 되었다. 구체적으로는 남성 평균수명이 80.5세, 여성 평균수명이 86.5세로 전체 83.5세가 되어 세계 최고의 수준이기 때문이다.

그런데 이 평균수명이 세계 최고 수준이라는 것이 문제가 있다. 평균수명이라고 하면, 한국인이라면 한국인 수명의 평균치를 말하는 것처럼 생각하지만 그렇지는 않다. 보통 신문이나 매스컴을 통해 언급되는 평균수명은 정확하게는 '0세에 있어서 평균수명'으로 그해에 태어난 사람이 향후 몇 년을 살 수 있을까(여명, 餘命)의 평균치이다. 즉, 올해 한국인의 평균여명이라는 것은 올해 태어난 한국인의 생존율이 50%로 되는 것은 몇 년 후일까? 즉 올해 태어난 사람의 여명은 몇 년인가 하는 의미이다. 그래서 '올해 65세 남성의 여명의 평균은 18세이다'라고 하는 표현을 사용하기도 한다. 0세인 사람의 평균여명 만큼을 평균수명이라고 하기 때문에 앞서 언급한 바와 같이 평균수명이라는 단어의 향후 사용에 주의가 필요하다.

또 하나, 평균수명으로 말하는 것이 있다. 이것은 어디까지나 현존하고 있는 사람의 연령 평균이기 때문에 평균수명이나 평균여명하고도 그 의미하는 바가 다르다. 현재의 평균수명이라고 하는 척도에서 말하면, 한국은 세계 최고 수준의 장수국이 되었지만, 전체 인구에 대한 노인인구의 비율이라는 척도에서도 세계 최고 수준을 향해 나아가고 있다 할 것이다.

2019년에 한국의 전체 인구에서 노인이 차지하는 비율은 13.8%로서 고령사회 진입을 목전에 두고 있었다. 전체 인구에서 노인인구의 비율이 상대적으로 높았던 국가 가운데 일본 26%, 이탈리아 22.4%, 독일 21.2%, 프랑스 18.9%, 영국 18.1% 등으로 나타났다. 그러나 현재의 추세대로 진행된다면 한국은 2050년에는 노인인구의 비율이 40.1%나 되는 초고령 국가가 될 것으로 예측되고 있다.

한국인의 기대수명 또한 2030년 85.7세, 2040년 87.4세, 2050년 88.9세로 추정되는 바, 이른바 '100세 시대'가 도래하고 있다. 누구나 장수한다고 하는 것은 매우 축하할 일로 여겨져 왔다. 세계에서 최고 수준의 장수국가로 일컬어지면 국제경기나 올림픽경기에서 메달을 획득한 것처럼 자랑스럽게 생각할 일이기도 하지만, 그 뒷면에 숨어있는 그림자에 대해서는 그다지 실감하지 못하고 있기도 하다.

즉, 세계에서도 장수국가에 속하면서 우리의 주변에는 노인이 그다지 많지 않다고 느끼기 때문이다. 가족 중에 노인성 질환 등으로 인하여 일상생활을 영위함에 있어서 신체적으로 어려운 상황에 놓인 구성원이 없는 여건에서는 절실하게 느끼지 못하기 때문이다.

그러나, 장수국가라고 하는 것은 무엇을 의미할까? 그것은 가까운 장래에 우리나라의 경우도 노인의 비율이 더욱 높아지고, 그것도 세계적인 수준으로 된다는 것이다. 2040년에는 전체 인구의 34.4% 정도가 노인이 될 것으로 예측하고 있다.

1945년 일본의 식민 지배로부터 광복을 맞이하였고, 1950년대 초반에 6.25 전쟁을 거쳤으며, 1960년대부터 경제적 발전을 이룩해 오면서 생활 수준의 향상과 의료기술이 발달하여 장수사회가 되었지만, 치매와 같은 노인성 질환을 안고 살아가는 사례가 날이 갈수록 증가하고 있다. 통계적으로는 많은 고령 선진국에서 전체 노인의 5% 정도가 치매를 앓게 된다는 수치를 고려해보면, 2030년에는 한국인 100명에 0.5명 이상이 치매를 앓을 수도 있다는 것을 알 수 있다.

이와 같이 치매 환자의 급증으로 이들을 위한 치료 및 관리비용 등이 사회적으로 크게 늘고 있어서 이에 대한 사회적 대책이 절실하다. 다른 나라에서도 국가 차원에서 치매에 관한 국가전략을 수립하거나 보다 효율적으로 치매를 관리하기 위한 대책을 마련하고 있다. 우리나라도 노인복지법, 노인장기요양보험법 및 치매관리법을 제정, 시행하며 노인들의 치매에 대한 대책을 마련해가고 있지만, 효과적인 치매 관리 대책이 요구되고 있다.

이러한 상황에서 또 다른 어려운 문제가 있다. 우리나라의 합계출산율을 살펴보면, 1990년 1.57명, 2000년 1.47명, 2010년 1.22명, 2020년 0.84명 정도로 나타나 소득수준의 향상과 더불어 지속적으로 낮아지고 있음을 알 수 있다. 이와 같이 우리나라의 출산율 저하는 노인 인구의 증가와 노인 인구의 비율을 빠른 속도로 증가시키는 요인이 되고 있기도 하다.

이러한 초저출산, 초고령화로 인한 노인 인구의 급증은 다른 한편에서는 경제활동인구의 비율을 감소시키는 요인이 되기도 한다. 예를 들면, 생산연령인구는 2020년 37,397천명, 2030년에는 33,813천명, 2040년 28,521천명으로 급격하게 감소할 것으로 추정되고 있다.

앞에서 언급한 바와 같이 2040년 무렵에는 우리나라 노인 인구의 비율이 34.4%로 예측되고 있는 바, 이로 인하여 국민 10명 중 3.4명이 노인이고, 경제활동인구는 현재의 비율 수준으로 유지한다고 하면 1,768만명 정도로 감소할 것으로 추정된다. 100세 시대를 맞아 활발한 경제 활동을 해야 하는 젊은 계층의 부담은 더욱 가중될 것이다. 이러한 것이 장수시대 뒷면에 있는 어두운 그림자이기도 하다. 그렇게 되면 이것은 노인만의 문제가 아니라 경제 활동 계층에게 있어서도 큰 문제가 될 것이 분명하다.

그러나, 유감스럽게도 아직까지 우리나라 국민들의 문제의식은 높다고 할 수 없을 것이다. 그 이유로는 한국의 고령화는 세계에서 유례를 찾아보기 힘들 정도의 속도로 진행되고 있음에도 불구하고 국민 개개인도 사태의 중대함을 인식하지 못하고, 정부도 충분한 수단을 강구하지 못하는 사이에 더욱 진행되고 있기 때문이다.

고령화 사회에서 고령 사회로의 변화에 유럽의 프랑스는 115년, 스웨덴은 85년, 독일과 영국은 45년 걸렸으며, 미국도 75년이나 걸렸다, 동양에서 가장 먼저 고령화가 진행된 일본의 경우도 고령화 사회에서 고령 사회로의 변화에 26년이 소요되었다. 그러나 우리나라는 일본의 고령화 진행 속도 보다도 더 빠른 변화를 보여 17년 사이에 고령화 사회에서 고령 사회로 접어들어 사회 전반의 다양한 분야에서 고령 사회에 적절한 한국형 대책 마련이 요구되고 있다.

필자만의 우려일지는 모르겠지만, 우리 사회에는 아직까지 노인문제를 어두운 면으로부터 바라보고자 하는 경향이 곳곳에 남아 있다. 일본에서도 어느 때부터 고령자라든가 노인이라든가 하는 이름을 장수자라고 하는 이름으로 바꾸고자 하였다.

확실히 장수(長壽), 고령(高齡), 노(老)를 나열해 보면 단어가 갖는 뉘앙스에 차이가 있음을 알 수 있다. 그러나 실제로는 장수와 고령은 본래 같은 의미이기 때문에 예로부터 사용상의 차이에서 다른 인상을 줄 뿐이다. 한편, 고령(高齡)과 노(老)는 확실하게 구별된다. 노(老)라고 하는 문자는 글자의 성립으로부터 신체의 기능이 약해지는 점에 역점을 두고 있으며, 연령이 높다고 하는 것은 머리카락이 희다고 하는 것으로 표현되고 있음에 불과하다는 것이다.

노(老)가 고령(高齡)보다 어두운 이미지를 주는 것은 바로 이 점에 있다고 생각한다. 고령화 사회를 지나 고령 사회에 살아가고 있는 상황에서 우리는 장수라고 하는 말로 얼버무리지 말고 노(老)라고 하는 현실에 마주하여 그것에 관련된 문제에 어떻게 대처하면 좋을지를 심각하게 생각해야만 한다.

그러기 위해서는 우선 사람이 나이를 먹으면 왜 신체기능이 약해지는가? 즉, 노화의 메카니즘을 알아야 한다.

1.1.2 노화와 수명

수명(壽命)이라는 것은 어떤 개체가 이 세상에 태어나서부터 죽을 때까지의 기간 또는 죽었을 때의 연령(年齡)을 말한다. 개개의 수명을 어떤 집단에 대해 평균한 것이 평균수명이며, 그 집단 중 가장 긴 수명의 개체수명을 최대수명이라고 한다.

노화(老化)의 문제를 생각할 때, 생물의 수명은 크게 3개의 시기[1]로 성립하고 있음을 알 수 있다. 첫 번째 단계는 태어나서부터 성성숙(性成熟)에 이르기까지의 기간이고, 이 기간을 성장기라 부르기도 한다. 두 번째 단계는 자손을 만들고 양육하기까지의 기간으로 생식기(生殖期)라고도 한다. 세 번째 단계는 생식을 마친 후의 여생(餘生)이라고도 할 수 있는 시기이며, 후생식기(後生殖期)라고도 한다.

이 가운데 성장기와 생식기는 자손을 남기는데 중요한 시기이기 때문에 이 기간의 생명을 기본적으로 보장하는 신체의 기구는 당연히 정상적으로 움직여야 한다. 내적 변동이나 외적 변동에도 몸을 지킬 수 있도록 되어 있는 기간이라 할 수 있다. 이 호메오스타시스(homeostasis)[2]와 같은 기구를 보장하고 있는 것이 유전이다. 유전이 있다면 부모가 가진 보장기구를 아이도 그대로 가질 수 있게 된다. 만약, 성장기+생식기가 수명이라고 생각한다면, 수명이 유전적으로 결정되는 것은

---

1) 今堀和友, 老化とは何か, 岩波新書, 1994, p.297

2) 생체가 여러 가지 환경 변화에 대응하여 생명 현상이 제대로 일어날 수 있도록 일정한 상태를 유지하는 성질 또는 그러한 현상을 말한다.

오히려 당연한 일이라 할 수 있을 것이다.

혹은 수명 가운데 몇 년을 성장기, 몇 년을 생식기로 하는 것도 유전적으로 결정될 수 있다. 영장류에 대해 말하자면 양자의 비도 일정하다고 생각할 수 있다. 최대수명은 성장기와 비례 관계에 있다고 생각된다.

인간의 경우, 후생식기가 되면 보장기구의 움직임이 나빠지는 것은 틀림없지만, 몇 세부터가 후생식기인지 규정짓는 것은 큰 문제가 있다. 문자대로 생리적 의미로 다루면 여성의 경우 폐경이라고 하는 현상이 있어서 생식기의 종료는 명확하지만, 남성의 경우는 명확하게 선을 그을 수 없다고 생각한다. 더욱이 단순히 아이를 낳는다고 하는 것뿐만 아니라 아이를 양육하는 것까지 생식 기간에 포함하게 되면 더욱 불명확하게 된다. 따라서 개개인에 따라 개인차가 크다.

1.1.3 연령과 개인의 노화

그렇다면 본래 노인이란 무엇일까? 앞에서 언급한 바와 같이 일반적으로 65세 이상인 사람을 노인이라고 부르게 되어 있다. 그러나 노화된 사람이라고 하면 고령화보다도 심신의 기능이 저하된 사람이라고 할 수 있지만, 엄격히 65세부터 급격하게 약해진다고 생각하기는 어렵다. 한편, 후생식기에 있어서 보장기구가 저하되어 일어나는 여러 종류의 고장을 노화라고 하더라도, 65세부터 후생식기에 들어간다고 해서 그렇게 단언하기도 어렵다.

65세라는 것은 어떤 목적을 위하여 편의상 설정한 선이라고 여기는 것이 타당할 것이다. 사회복지의 측면에서 말하자면, 연금을 지급한다든가 의료비를 할인한다든가, 대중교통비를 할인[3]한다든가, 재가서비스를 제공한다든가, 여타 정책에 대해 어떤 선을 그어, 이 이상을 '노인'이라고 하지 않는 한 수습하기 어렵다.

노화(老化)와 가령(加齡)이 동의어로 사용되는 경우도 많다. 노화라고 하는 영어가 Aging이다. 이것은 당연히 Age 즉, 나이를 먹는다는 것은 가령이라고 하는 것이 더 타당한 것으로 생각된다. 그러나 Aging이라는 것은 '늙다'라는 의미뿐만 아니다. 재료 관계의 사전에서는 '열화(劣化)'라는 의미도 있다. 따라서, 가령에 따른 생리적 기능의 저하라고 정의할 수 있을 것이다. 노화는 가령에 반드시 비례하는 것도 아니기 때문에 연령에 의해 기능 저하의 정도를 바르게 판단할 수 없다. 그렇지만 결코 연령과 관계가 없는 것은 아니다.

1.1.4 장수의 비결

지금까지 언급한 것과 같이 노화와 수명, 노화와 가령을 혼동하기도 한다. 세포 노화와 기관 노화, 혹은 개체 노화까지 같은 차원에서 논의될 수 있다고 한 정도이다. 노화의 구체적인 원인 규명은 아직까지는 미래에나 가능할 것으로 생각한다. 그렇게 되면 인간의 앞날은 어둡게 된다. 원인을 알 수 없는 이상, 도저히 노화 방지법 등을 명확하게 할 수 없기 때문이다.

그렇다고 하더라도 지나치게 비관할 필요는 없다. 예전에는 노인이라고 하는 것은 존경받는 존재였다. 왜냐하면, 오랜 기간 살아오면서 경험한 내용들이 매우 풍부하였기 때문에 어떤 문제에 부딪혔을 때,

3) 최근 지자체별 지하철 운영상의 재정 적자 등의 문제로 고령자에 대한 지하철이 운임에 대한 면제 할인 혜택의 대상자 범위에 대해 그 연령 하한을 다시 논의하고 있기도 하다.

젊은이들 보다 적확하게 판단할 수 있었기 때문이다. 오늘날의 컴퓨터로 말하면 입력해 둔 정보의 양이 많고, 또 그 데이터를 처리하기 위한 소프트웨어도 여러 종류를 갖추고 있었기 때문이라 할 것이다. 최근에 인공지능(AI)[4]을 이용한 사회 각 분야의 적용사례에서도 알 수 있듯이 빅데이터(big data)[5]의 이용과 같은 효용 가치가 있었다고 할 것이다.

이러한 노인의 경험에 의한 지혜는 예로부터 전하여져서 오늘날의 생활에 이르기까지 도움이 되는 사례는 있다. 예를 들면, 감기에 걸려 열이 날 때 가장 좋은 요법은 머리는 차갑게 하고 발은 따뜻하게 하라(두한족열: 頭寒足熱)는 방법이 가장 유효한 방법 같은 것이다.

노화방지에 대한 좋은 전례도 있다. 예를 들면, 유럽의 코카서스 그루지아 지방에 100세 이상의 노인이 많이 있는데 모두 건강하다. 그들은 마츠오니라는 일종의 요구르트를 좋아하며 먹고 생활한다. 그래서 요구르트는 노화방지에 효과 있는 것이 틀림없다고 믿고 있는 것 같은 사례이다. 그러나, 노화에 관한 한 이 좋은 전승은 불분명한 근거도 있을 수 있기 때문에 상당히 조심해야 할 필요가 있다. 아무리 장수하는 사람이 많고, 평균연령이 높다고 하더라도 장수하는 사람이 모두 와상상태(臥床狀態)이거나 치매를 앓고 있다면 건강하고 노화되지 않은 사람들이 사는 마을이라고 할 수는 없을 것이다.

---

4) 인공지능 또는 AI(Artificial Intelligence)는 일반적으로 인간의 학습능력, 추론능력, 지각능력이 필요한 작업을 할 수 있도록 컴퓨터시스템을 구현하려는 컴퓨터과학의 하나이다.

5) 디지털 환경에서 생성되는 데이터로 그 규모가 방대하고, 생성 주기도 짧고, 형태도 수치 데이터뿐 아니라 문자와 영상 데이터를 포함하는 대규모 데이터를 말한다.

장수(長壽)를 소위 장수마을 사람들의 음식물, 행동 등을 범위로 한정해서 살펴보면, 그것은 결코 노화 방지의 비결이 되지 못하는 것이라는 것을 알 수도 있다. 그래서 앞서 언급하였듯이 노화는 후생식기에 있어서 심신의 쇠약을 의미한다고 생각할 수 있다. 그래서 후생식기 기간이 늘어난 것은 극히 최근의 일이다. 지금까지의 좋은 전승에는 과학적으로 신뢰할 만한 것은 없었다고 해도 과언이 아닐 것이다.

따라서 이하에서는 지금까지 자주 사용되어 온 '노인(老人)' 대신에 '고령자(高齡者)'를 사용하기로 한다.

1.2 인구의 고령화와 고령자

1.2.1 인구의 고령화

오늘날 세계 각국의 인구는 고령화되어 가고 있다. 특히 고령 선진국으로 일컬어지는 서구의 여러 나라에서는 다른 모든 연령대의 인구보다도 빠르게 늘어나고 있다. 세계 인구 전망의 데이터에 따르면, 전 세계적으로도 2019년에 80세 이상 인구는 1억 4,300만 명이었지만, 2050년에는 3배 정도 증가한 4억 2,600만 명이 될 것으로 예상된다.

따라서 전체 인구에 있어서 고령자가 차지하는 비율이 계속하여 높아지는 사회를 고령화 사회라고 하며, 동시에 고령화 사회 이전의 모습에 머물러 있는 사회 체제로서는 다양한 문제점이 나타나게 되고, 적절한 대책이 필요하다.

UN은 전체 인구 대비 고령 인구 비율이 7%를 넘으면 고령화 사회,

14%를 넘으면 고령 사회, 20% 이상이면 초고령 사회로 분류하고 있다. 세계적으로도 고령 사회로의 진입 속도는 프랑스 115년, 미국 73년, 독일 40년 등으로 나타나 비교적 긴 기간에 걸쳐 고령 사회로의 변화를 맞이하였다. 특히, 한국과 인접한 일본의 경우는 고령화 사회에서 고령 사회로 들어서는 데 25년 정도 소요되었다. 그러나, 우리나라는 2000년 고령화 사회에 진입하였으며, 17년 만인 2017년에 이미 고령 인구의 비율이 14.2%를 차지하게 되어 고령 사회에 접어들었다.

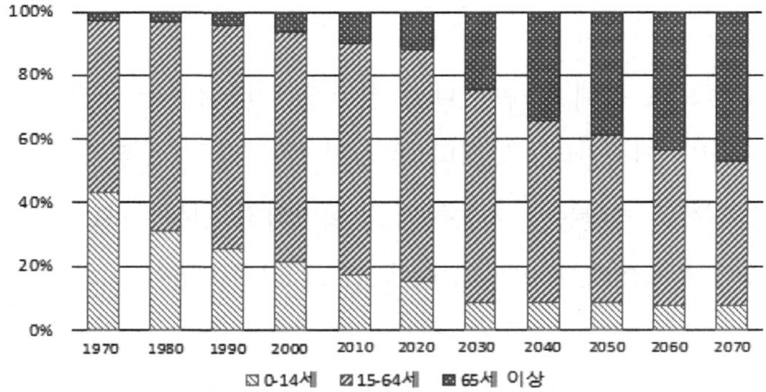

그림 1-1. 연령계층별 인구 구성비6)

따라서 우리나라의 경우, 고령 사회로의 진입 속도는 다른 나라들과 비교해 보더라도 그 유례를 찾아보기 어려울 정도로 빠르게 진행되고 있음을 알 수 있다. 고령화 사회에서 고령 사회로의 변화는 고령자들을 위한 주거나 복지 및 의료서비스 제공에 많은 변화를 요구한다. 더욱이 한국의 경우는 지구상에서도 그 유래를 찾아보기 힘들 정도의 빠른 변화를 보여주고 있지만, 고령자들의 다양한 요구에 부응한 제반

6) 통계청 자료 참조

서비스를 제공하는데 있어서는 많은 어려움을 안고 있다.

1.2.2 고령자와 초고령 사회

고령(高齡) 즉, 노년기(老年期)는 대개 평균적 의미로 다음과 같은 이유로 만 65세 이하로 되어 있다.

① 현재 60세 정년 제도가 널리 시행되고 있지만, 많은 조사에 따르면 정년 이후에도 근로 활동에 대한 의욕이 높고, 재취업 등을 거쳐 실질적으로 근로 활동으로부터 은퇴하는 것은 적어도 65세 이후가 타당하다고 생각된다.

② 일반적으로 경제 활동에 대한 참가를 나타내는 비율은 65세 이상이 되면 저하한다. 그러나 현실적으로 많은 고령자는 평균 73세[7]까지 경제활동을 지속하기를 희망하고 있는 것으로 나타났다.

③ UN에서 정의하고 있는 고령(노령)의 정의는 65세이다.

이에 따라 74세까지를 전기고령자(young old), 75세 이후를 후기고령자(old old)로 구분하는 것이 일반적이다. 고령자 비율이 크다는 것은 양(量)과 질(質) 측면에서 구체적으로 살펴볼 필요가 있다.

우선, 우리나라의 총인구에 대한 고령 인구의 비율이 1970년에는 3.1% 정도에 지나지 않았던 것이 2020년에는 15.7%를 초과한 상태이며, 2030년에는 25.5%, 2040년에는 34.4%에 이를 것으로 예측되고 있다.

더욱이 경제발전과 함께 생활 수준의 향상, 의료기술의 발달 등으로

7) 2021년 5월 경제활동인구조사 고령층 부가조사 결과, 통계청

인하여 자연적 가령에 기초하여 전반적으로 다소간 쇠약해지더라도 개개인의 건강 상태는 양호하고, 보다 젊고 건강한 사람과 다름없이 통상적인 사회생활을 영위할 수 있는 고령자의 비율도 동시에 높아지고 있다는 점을 살펴야 한다. 사회적 여건이 변함에 따라 이러한 상황이 진행되고 있는 오늘날, 일반 도시나 건축물의 공간 계획에서도 고령 인구가 성장기의 어린이 인구보다 많은 점을 중요하게 인식하여야 할 것이다.

따라서, 고령자들이 일상생활 전개에 이용하게 되는 주거, 복지, 의료시설의 건축계획 시 고령자의 평균적 신체적 특성과 그에 따른 환경의 영향에 대해서도 재검토가 필요하다.

일반적으로, 사람의 노화는 25세 무렵부터 시작된다고 한다. 평균적인 사람으로 사회의 다양한 분야의 중견으로서 바쁘게 살아가는 30대나 40대도 신체 어느 한 부분은 이미 쇠약해지는 현상이 시작되었을 수도 있다. 그러함에도 불구하고, 종전에는 일반적으로 도시나 건축을 중심으로 한 생활공간에 대한 연구는 그러한 사람들조차도 개별 특성을 내버려 두고 어떤 환경에도 맞추기 쉬운 사람으로 재정립하여 획일화된 전체의 대표와 같이 취급해 오기도 하였다.

그러나, 근래에 접어들어 상당한 변화를 보여주고 있으며, 특히 고령자의 다양한 속성(屬性)을 고려한 연구나 조사 등에서 상당히 새롭게 접근하는 사례들을 볼 수도 있다. 우리나라는 고령화 사회의 도래가 언급되기 시작한 후 얼마 지나지 않아 고령 사회를 맞이하였고, 현재는 초고령 사회를 맞이하였다. 이에 따라 인구의 고령화에 발맞추어 건축계에서도 사회적 약자인 고령자를 위한 주거, 복지, 보건, 의료 등의 각 분야에서 다양한 요구에 부응하기 위하여 관련 서비스·시설과 연관된 지식을 축적하여 적극적으로 실현해 가고 있다. 다른 한편에서는 일반 건축이나 시설, 기구 등에 대해서도 인간공학적 측면에서의 연구를 넘어 상품화로 이어져 가고 있으며, 고령자 관련 분야에서는 종합적으로 실버산업(silver industry)으로 성장해 가고 있기도 하다.

이러한 가운데 오히려 일반인들에 섞여서 건강하게 사회생활을 영위하는 보편적인 고령자에 대한 건축 환경적 측면의 배려는 오히려 뒤처져있다고도 할 수 있을 것이다. 고령자의 자연적 가령에 따른 제반 기능의 저하에 동반하여 나타나는 주요 특징으로는 시각, 청각, 피부 감각(온열 감각, 통증 감각), 운동 감각과 기능의 쇠퇴, 환경조건의 변화에 대한 반응의 빠르기, 순응성과 저항력 및 회복력의 감퇴 등을 꼽을 수 있다.

1.3 고령자의 신체적 특징

1.3.1 가령(加齡)에 따른 형태적·기능적 변화

인간이 늙는다는 것은 출생, 발육, 성장, 성숙으로 이어져 일어나는 피하기 어려운 신체의 변화과정이다. 늙음은 일반적으로는 세포, 조직, 장기, 그리고 신체기능 전체에 생리적 노화로 나타나고, 유전적으로 정해진 부분이 있기도 하다. 이것에 신체 내·외의 환경적 요인이 작용하여 환경이 양호한 경우에 늙음이 느리게 진행된다. 그러나 환경이 좋지 못한 경우에는 노화가 촉진되어 만성질환을 동반하며 병으로 진행되기도 한다. 노화에 따라서는 점차 외부에 대한 적응 능력도 저하하며, 강한 스트레스를 받으면 마지막에는 죽음으로까지 이어지는 경우도 있다.

특히, 늙음은 혈관 계통에 나타나기 쉬우며, 동맥경화는 가령과 함께 전신에 걸쳐 나타나기 쉬운 변화이기도 하다. 노화로 인하여 생체조직에는 섬유화나 경화와 같은 변화가 나타나기도 하며 장기(臟器) 위축이 나타나기도 한다. 이러한 변화는 주로 구성 세포 수의 감소에 따라 생긴다.

인체에 수분량은 상당히 많다. 젊은 사람은 신체 전체의 약 60%가 수분이다. 그중에 30%는 세포 밖의 수분 즉, 세포외액이며 나머지는 세포내액이다. 그렇지만 가령에 따라 전체의 수분량도 줄어든다. 따라서 세포외액의 변화는 적지만 세포내액의 감소는 두드러진다. 결국, 전체에서 세포내액이 차지하는 비율은 저하된다.

노화에 따라 척추가 굽는 경우가 많으며, 허리가 굽는다던가 앞으로 기울어지는 자세로 되기 쉽다. 척추를 구성하고 있는 추간판의 위축이나 변형이 나타나며, 하지에서는 관절연골이 약화하고, 또 하지 전체가 굽는 등의 요인으로 키가 작아지는 사례를 볼 수 있다.

체중은 고령이 되면서 가볍게 되는 사람들이 많다고 하는 의견도 있다. 어느 한 시점에서 젊은 사람과 고령자를 비교하면 고령자의 체중 감소를 볼 수 있다. 그러나 한 사람을 시계열적으로 살펴보면, 체중의 변화는 그다지 크지는 않다. 신체를 구성하고 있는 세포에는 신경세포와 같이 생겨나서부터 거의 분열, 증식하지 않는 세포도 있고, 혈구세포와 같이 끊임없이 분열, 증식, 재생하는 세포도 있다. 나이가 들어가면서 변화가 나타나는 경우도 있다. 세포 수의 감소는 각종 장기의 기능 저하를 초래하게 된다. 또 기능의 동향으로는 수 이외에도 세포의 크기, 질적인 변화도 관계한다. 세포 수의 감소에 따라 분열, 증식이 없다면 남은 세포가 대신하여 움직이고, 보다 큰 움직임이 요구된다. 그러나 이들의 기능이 한계에 가까워지면 세포는 항상 풀로 가동되어야 하며, 예비력은 저하된다. 외부로부터의 강한 스트레스에 대해 약하게 되고, 세포는 손상을 입고, 상처에 의해 더욱 세포 수의 감소가 일어나게 되는 악순환을 보이게 된다.

노화에 동반되는 신체기능의 저하도는 관계하는 조직, 장기에 따라서도 다르며, 노화가 나타나는 형태는 다양하다. 신체의 움직임에 있어서 그다지 쇠약이 자각되지 않는 40대 경우에도 노안을 볼 수 있으며, 청력이 저하되기도 하며, 시각, 청각, 후각 등의 감각기능에 저하가 나타나는 경우도 볼 수 있다.

인간의 전체적 능력으로 보면, 신체적 운동능력은 10대 후반부터 20대 전반에 걸쳐 정점에 달하고, 그 이후는 서서히 저하된다. 신체적 운동능력은 젊을 때 정점을 보이고 경기스포츠는 젊은이들의 활동의 장(場)이다. 그러나 일반적인 사회 생활에 있어서는 그다지 우수한 운동능력을 필요로 하지는 않는다. 지적 능력에 대해 살펴보면, 기억력 등은 젊을 때 정점에 도달하고, 이해력, 종합력은 상당히 고령이 될 때까지도 급격하게 약해지지는 않는다.

고령자의 일상 생활에 있어서는 가령과 함께 외부로부터의 스트레스에 대해 신체적 기능 측면에서 과잉 반응을 일으킨다던가, 반응을 일으키기까지 시간이 걸린다던가, 회복에 많은 시간을 필요로 하는 경우를 볼 수 있다. 그리고, 예비적인 능력이 적기 때문에 반응에 여유를 갖고 반응할 수 없어서 피로해진다던가 곧바로 한계에 다다르기 쉽다.

1.3.2 고령자의 심리

생리적 노화에 대해 심리적 노화가 있다. 고독은 죽음에 이르는 병이라고 하지만, 고독감은 고령자의 심리면에서 큰 비중을 차지한다. 고독감의 요인을 분류하면, 심리적 조건과 물리적 조건으로 구분할 수 있다. 정년에 의한 사회적, 경제적 지위의 변화, 자식들의 독립, 배우자의 사별, 친한 사람의 사망, 등에 의해 물리적, 환경적으로 고립되는 경향이 강해진다.

가정이나 사회에서의 역할이 감소함에 따라 사명감이나 보람이 줄고, 일상생활에 있어서 활동 범위도 좁아지게 된다. 나아가 가령과 함께 신체적으로 쇠약해지며 신체 운동의 제약, 이동의 제한, 난청 등 감각 장애 등에 의해 다른 사람들과의 관계 소원 등의 요인으로 고독감은 더욱 심화된다.

게다가 우리 사회도 가족 구성에 있어서 핵가족화와 함께 젊은 층의 1인 가구도 증가하고 있지만, 고령화와 더불어 홀로 사는 고령자도 지속적으로 늘어나고 있다. 이러한 측면에서의 고령자의 물리적 고립화가 가속화된다고 생각된다 (표 1-1 참조).

표 1-1. 고령자 가구 변화[8)]

전국	2017년	2021년
일반가구 계	19,673,875	21,448,463
가구원 모두 65세 이상	2,404,815	3,238,780
가구원 65세 이상+65세 미만	2,803,851	2,922,580
가구원 65세 이상 없음	14,465,209	15,287,103

8) 통계청, 고령자(65세이상) 가구(일반가구) 자료 참조

심지어 1980년대 이전까지만 하더라도 조부모와 아들부부, 손자, 손녀가 함께 사는 가족의 비율이 높았지만, 2017년도에는 가구원 모두가 65세 이상인 가구가 2,404,815 가구였으며, 2021년에는 3,238,780가구로 증가하였다. 게다가, 가구당 인구수 측면에서도 2015년도 2.5명, 2018년 2.4명, 2021년 2.3명으로 큰 폭으로 감소여 고립화는 지속되고 있음을 알 수 있다. 고령자뿐만 아니라 청년들도 홀로 고립된 생활을 하는 1인 가구가 꾸준히 증가하고 있다.

이와 같은 환경적인 고립화에 의해 물리적인 고립감을 느낀다고 하더라도 반드시 필연적으로 심리적인 고립감을 낳는다고는 할 수 없다. 인간관계로 부터 오는 고립감은 유아기, 청년기에 높지만, 노년기에는 저하한다.

한편, 자기 자신의 모습에 대한 의식으로부터 오는 고립감은 청년기에 높지만, 노년기에도 높아진다. 인생에 대한 문제나 죽음을 의식하고 시간적 전망에 의한 고립감은 가령과 함께 높아지며 노년기에 있어서 그 비율은 더욱 증가한다.

1.4. 고령자와 질병

1.4.1 고령자의 건강 수준

건강의 정의는 시대나 지역에 따라 다르다. 질병의 원인도 모르고 COVID-19[9])와 같은 전염병이 기성을 부리기 쉬운 상태에 놓여있다면 일상 생활에서도 질병의 위험성이 항상 존재한다. 과거에는 건강이란

병이 없고 건강한 모습으로 수렵이나 농경이 가능한 것으로 육체적인 면을 우선하였다. 문명의 발전과 함께 건강이 의미하는 것이 육체적인 면으로부터 차츰 마음의 면도 포함한 심신의 건강, 그리고 사회생활을 포함한 전체적인 건강 상태를 나타내게 되었으며, 향후에는 신체적, 정신적인 인자에 더하여 점점 사회적인 인자의 비중이 커질 것으로 예상한다.

오늘날 우리나라는 편리성이 추구되는 풍요로운 사회의 실현을 이루어가고 있다. 그동안 의학이 진보하고 의료복지가 충실히 되면서 평균수명이 늘어나 장수사회를 맞이하였다. 그러나 이러한 인공이 가미된 사회환경으로 인한 공해가 만연하여 인간에게 있어서 반드시 유익하지 않게 되었다. 나아가 차츰 환경과의 조화를 어지럽히고, 지역 생태계에 혼란을 초래하며, 환경 악화가 지역 전체에 이르기까지 확대되고, 동식물뿐만 아니라 사람에게도 해로운 조건을 만들어내어 사람들의 생활에 위험성을 증가시키고 건강을 저해하는 사태까지도 보여준다.

인간의 건강 수준과 기능 상태와의 관계를 살펴보면, 인간의 존재에 따라 바람직하지 않은 환경이라도 생체내의 항상성(恒常性)은 어느 정도까지는 조절 기능에 의해 유지된다. 그러나 환경조건이 생체의 한계를 넘으면 생체의 대상 기능이 움직이고 나아가 부하가 커지면 건강 수준은 저하되며, 결국에는 대상 기능에 의해서도 감당하기 어려운 단계까지 이르게 된다.

고령자는 항상성의 폭이 좁으며 건강 수준이 저하되기 쉽고, 또 만성질환을 동반하고 있는 경우가 많다. 건강하다고 생각되는 사람도 심

9) COVID-19, 코로나바이러스, 2020년 전 세계적으로 퍼져 많은 피해를 발생시킨 신형 코로나바이러스의 일종

전도 등의 검사를 하면 이상(異常)이 확인되는 경우도 있으며, 고령자 중에는 무증상이라도 잠재적으로 질병이 나타날 가능성도 있다. 이러한 현상은 질병의 예비적 상태이며, 환경조건에 따라서는 질병을 일으키고 촉진할 가능성이 있는 상태이며, 고령에 따른 생체기능의 저하가 관여하고 있다.

고령자가 활동적으로 생활하는 데 장애가 되는 모든 질병이 죽음에 이르게 하는 것은 아니며, 경증으로 만성적으로 보내야 하는 사람도 있으며, 의료시설이나 보건시설 또는 복지시설에 통원하거나 때에 따라서는 입원·입소를 필요로 하는 사람도 있다.

2020년 우리나라 통계청 자료를 보면, 65세 이상 고령자의 만성질환 중에서 많은 것은 1) 고혈압성 질환, 2) 당뇨병, 3) 고지혈증(이상지질혈증), 4) 골관절염, 류마티즘관절염, 5) 요통, 좌골신경통 등의 질환이다 (표 1-2 참조).

건강의 내용에 대해서는 개별적인 요소가 정상이어야 하는 것은 물론이고, QOL[10)]이 높은 생활환경에서 전체적인 건강도가 중요하다. 바람직한 건강 수준은 나이에 따라 달라진다는 것을 생각하고, 건강의 정의는 조건에 따라 다양하며 어떤 한 수준에서 고정된 건강상은 성립되지 않는다고 할 수 있다. 고령자의 건강 상태는 노화와 질병이 관련되는 것으로 여겨진다. 노화가 질병을 유발하기도 하고, 질병이 노화를 촉진하는 경우도 생긴다.

10) QOL(Quality Of Life) 삶의 질.

표 1-2. 2020년 노인의 만성질환별 유병률 및 치료율[11)]

만성질환	전체	
	유병률(%)	치료율(%)
고혈압	56.8	98.7
뇌졸중(중풍, 뇌경색)	4.3	96.5
고지혈증(이상지질혈증)	17.1	96.9
협심증, 심근경색증	4.4	96.9
기타 심장질환	4.5	98.2
당뇨병	24.2	99.0
갑상선 질환	3.3	97.3
골관절염, 류머티즘관절염	16.5	91.1
골다공증	8.5	90.1
요통, 좌골신경통	10.0	82.1
만선기관지염, 폐기종(CO포인트D)	1.5	91.8
천식	2.0	94.3
폐결핵, 결핵	0.1	82.9
백내장	5.3	74.1
녹내장	1.1	81.1
만성중이염	0.7	98.1
악성신생물(암)	1.8	88.5
위십이지장궤양	5.0	93.6
간염	0.4	84.1
간경변	0.3	90.1
만성신장질환	1.1	95.1
전립선비대증	4.1	96.2
요실금	3.9	43.7
빈혈	1.8	75.9
피부병	0.9	84.3
우줄증	1.5	81.3
치매	2.1	93.8
골절, 탈골 및 고후휴증	1.5	87.0
불면증	2.0	78.9
파킨슨	0.6	100.0
노인성 난청	2.5	53.9
기타	1.6	94.4

따라서 우리나라도 고령이나 노인성 질환 등의 사유로 일상생활을 혼자서 수행하기 어려운 고령자 등에게 제공하는 신체 활동 또는 가사 활동 지원 등의 장기요양급여에 관한 사항을 정하여 노후의 건강증진 및 생활 안정을 도모하고, 그 가족의 부담을 덜어줌으로써 국민의 삶의 질을 향상하도록 노인장기요양보험법을 제정, 시행하고 있다.

1.4.2 노화에 미치는 요인

인간의 노화에 영향을 미치는 요인은 다양하다. 특히, 만성질환, 노인성 질환, 생활 습관 등 복합적인 요인에 의한 경우가 많고, 이를 일반적으로 습관병이라고도 한다. 일상의 운동에서 활동량별 지구력을 나타내는 최대산소섭취량의 가령에 따른 변화를 보면, 운동량이 많은 그룹일수록 최대산소섭취량이 많고, 가령에 따른 저하도 60대~70대에 걸친 시기이며, 다른 연령그룹과 비교하여 적다. 이에 대해 운동을 하지 않고 있는 그룹에서는 최대산소섭취량의 레벨도 낮고, 저하하는 경향도 50대부터 60대에 걸친 시기에 나타남을 알 수 있다. 이러한 결과로부터 중고령자도 적절한 활동이나 운동이 필요하다고 할 수 있다.

혈압은 한랭한 환경에서 상승하는 경향을 볼 수 있지만, 젊은 사람은 기온에 의한 혈압수치에 대한 영향은 비교적 적다. 고령자는 기온이 낮을수록 혈압수치가 높아지고, 기온의 영향이 높게 나타나기 쉽다. 그러나, 심박수는 기온에 의한 변화가 적다. 젊은 사람은 기온의 변화를 심박수로, 고령자의 경우는 혈압에 대체하는 경향을 볼 수 있다. 인

11) https://kosis.kr/search/search.do?query=%EB%A7%8C%EC%84%B1%EC%A7%88%ED%99%98 통계청 자료 2020년 노인의 성별 만성질병 종류별 유병률(의사진단 기준) 및 현 치료율을 참고하여 정리함.

체의 제기능은 기후나 날씨, 계절 변화 등에 따라서도 영향을 받기 쉽다. 질병으로서는 기상병, 계절병 등으로 불리워지며, 온열 조건과의 관계도 깊다.

기온과 사망상태와의 관계를 보면, 10℃ 이하로 기온이 내려가거나 32℃이상의 고온으로 되는 경우에는 전체적으로 사망이 증가하는 경향을 볼 수 있다. 계절에 따라서도 사망률에 변화를 보이는데, 10세 미만의 소아는 소화기계 질환, 감염증 등에 의한 여름철 사망이 많다, 20대는 계절에 따른 사망률 차이는 그다지 보이지 않는다. 40대가 되면 여름철의 사망률은 낮고, 겨울철에 증가하는 경향이 보이며, 더욱이 70대 고령자가 되면 사망률에서는 하저동고(夏低冬高)의 경향이 두드러짐을 알 수 있다. 이러한 현상은 추위가 순환 기능, 호흡 기능에 스트레스로 작용하고, 심장 질환, 뇌혈관 질환, 간담 등의 질환이 겨울철에 발생하고, 병도 악화되기 쉬우며, 그러한 결과로 사망이 많아진다고 생각된다.

고령자의 체온은 내려가기 쉽고, 직장온(直腸溫) 등의 핵심부 온도가 35℃미만이 되어 죽음에 이르는 경우도 볼 수 있으며, 노인성 저체온증이라고 부른다. 영국에서는 노인성 저체온증에 의한 사망이 겨울철에는 상당한 수에 이른 사례도 있다. 미국에서도 석유 위기와 한랭한 기후가 겹친 무렵에는 가정에서의 난방 미흡으로 많은 사망을 초래하기도 하였다.

정신적으로 전혀 스트레스가 없는 상태는 정신활동을 갉아먹어 무기력하게 되기 쉽다. 머리를 써서, 뇌세포를 적당하게 사용하는 것은 고령자의 뇌의 움직임이 저하되지 않도록 하는 데도 필요하다. 수면은 뇌의 활동에 있어서 아주 중요하다. 유아는 하루 대부분의 시간을 잠으로 지낸다. 나이가 들면서 차츰 낮에는 일어나 움직이고, 밤에는 잠을 자는 단상성 수면(單相性 睡眠)패턴으로 된다. 고령자가 되면 온종일 꾸벅꾸벅 졸기도 하는 다상성화(多相性化) 수면 패턴이 되기 쉽다. 걱정스럽게도 야간에 반복되는 각성은 주간의 졸음 상태에 박차를 가하게 된다.

농림어업 등의 자영업 분야에서는 가령과 함께 일의 양(量)을 줄인다던가 힘이 더는 일을 적게 한다든가 하는 경우가 많다. 대부분의 셀러리맨이나 근로자의 경우에는 정년(停年)에 의해 직장을 그만두거나 일을 갑자기 그만두는 경우가 많다. 심신 활동에서 보면, 일함으로써 정신적으로 충실한 생활이 이루어지고, 보람이나 만족감을 얻는 경우를 볼 수 있다. 정년 이후에는 유유자적하게 여유와 취미활동으로 보낸다는 경우도 볼 수 있지만, 실제적인 측면에서 보면 개인으로서 적극적으로 여가를 즐기고자 하여도 그 방법을 모르거나 활동할 기회를 실현할 곳이 부족하다. 또한, 사회적 환경이 충분하게 정비되어 있지 않은 것이 현실이다.

1.5 고령자와 치매

1.5.1 치매의 원인

치매(Dementia, 癡呆)는 그 자체가 질환을 의미하는 것은 아니며, 여러 가지 원인에 의한 뇌의 손상으로 기억력을 비롯한 여러 가지 인지기능의 장애가 생겨 예전 수준의 일상생활을 영위할 수 없는 상태를 말한다. 우리나라의 경우, 치매를 지닌 인구는 고령화와 더불어 65세 이상 고령자의 치매 유병률은 2020년 10.3%에서 2040년 12.7%로 증가할 것으로 예측하고 있다. 치매의 원인 질환 가운데 가장 중요한 3대 원인 질환은 알츠하이머(Alzheimer)형 치매, 혈관성 치매, 그리고 루이체[12] 치매이다.

1) 알츠하이머형 치매

정상적으로 기능하던 세포가 원인 모르게 죽어가는 것을 퇴행성 변화라고 한다. 알츠하이머병도 퇴행성 질환의 하나이다. 알츠하이머병이 왜 생기는지 정확하게 밝혀지지는 않았으나 진행성의 신경계 노화 현상에 유전적 위험요소와 환경적 위험 인자가 더해져 발생하는 것으로 생각된다. 이로 인해 잘못된 단백질이 만들어지고 이 물질이 뇌세포 안팎에 쌓여 뇌세포가 죽어가는 것이다. 치매의 가장 흔한 원진 질환으로 점진적으로 뇌의 퇴행성 변화가 와서 기억력을 비롯한 뇌의 전반적인 인지기능저하가 진행된다.

2) 혈관성 치매

뇌혈관 질환으로 인해 뇌조직이 손상되어 발생하는 치매로 고혈압, 당뇨병, 고지혈증, 심장질환 등 뇌졸증의 위험인자를 지닌 경우에 많이 발생한다. 위험인자를 잘 관리하면 예방이 가능하고 조기에 치료하면 더 이상 악화되는 것을 막을 수 있다.

---

12) 환각과 환청 등 치매 증상을 일으키는 신경세포 내에 덩어리 물질

3) 기타 치매

그 밖에 퇴행성 치매로는 루이체 치매, 전두측두엽 치매 등이 있다. 또한 약물중독, 비타민 결핍, 갑상선 기능 이상, 뇌수종, 만성 경막하 혈종이나 뇌종양, 신경매독 등의 다양한 원인으로 치매가 발생할 수 있다.

표 1-3. 지역별 65세 이상 인구수 및 치매 유병률 현황[13)]

(단위:명, %)

구분	65세 이상 인구 수	추정 치매환자 수	유병률(%)
계	9,447,274	976,923	10.3
서울	1,697,269	164,860	9.7
부산	717,603	68,661	9.6
대구	446,790	44,782	10.0
인천	480,266	46,868	9.8
광주	234,142	24,012	10.3
대전	241,399	24,323	10.1
울산	168,060	14,100	8.4
세종	41,407	4049	9.8
경기	2,079,567	208,282	10.0
강원	349,328	38,653	11.1
충북	321,961	25,081	10.9
충남	441,993	52,006	11.8
전북	407,453	47,951	11.8
전남	441,628	53,644	12.2
경북	616,649	69,655	11.3
경남	643,714	66,835	10.4
제주	118,045	13,162	11.2

13) https://www.news1.kr/articles/?5187614, (2023.10.02)

알츠하이머병은 가장 흔히 발생하고 있는 치매의 원인이기도 하며, 전체 원인의 70% 정도를 차지하는 것으로 알려져 있다. 뇌졸중 후에 발생하는 혈관성 치매는 약 20~30% 등으로 알려져 있다. 기타 질병에 의한 치매로는 픽병(Pick disease), 크로이츠펠트-야콥 병, 헌팅톤병, 그리고 후천성 면역 결핍증에 의한 치매 등이 있다. 또한, 알콜성 치매 및 뇌 손상 후의 치매도 있다. 인격 장애의 정도는 픽병>알츠하이머형 치매>뇌혈관성 치매라는 점에 주의하여야 한다.

이와 같은 치매와 관련하여 2023년 6월 기준으로 지역별 65세 이상 인구수 및 치매 유병률 현황을 살펴보면 (표 1-3)에 나타내는 바와 같이 다소 지역별 편차는 있지만 이미 전체적으로 10.3%를 나타내고 있음을 알 수 있다. 고령자 인구수 944만여 명 가운데 치매를 앓고 있는 고령자 수는 98만 명 정도나 된다.

1.5.2 치매의 진단

치매는 다발성 인지 장애와 일상생활 능력 장애의 결합으로 정의할 수 있다. 다발성 인지기능 장애는 기억장애, 언어 장애, 시공간 능력 장애, 성격 및 감정의 장애, 전두엽 기능 장애 중 3개 이상으로 정의하는데, DSM-IV[14]에 따르면 기억장애와 다른 인지 장애가 하나 이상 있는 경우를 치매로 정의하기도 하다. 특히, 우리나라의 경우 치매관리법에 따라 치매로 인한 임상적 특징이 나타나는 사람으로서 의사 또는 한의사로부터 치매로 진단받은 사람을 치매 환자라고 한다. 또한, 치매

14) DSM-IV는 정신질환 진단 및 통계 메뉴얼(약칭 DSM)의 2013년에 나온 다섯번째 개정판으로 미국정신의학협회(APA)에서 발행한 분류 및 진단 절차이다.

관리법 제2조 제1호의 정의에 따르면 '치매'란 퇴행성 뇌질환 또는 뇌혈관계 질환 등으로 인하여 기억력, 언어능력, 지남력(指南力), 판단력 및 수행능력 등의 기능이 저하됨으로써 일상생활에서 지장을 초래하는 후천적인 다발성 장애를 말한다. 따라서 '치매'라는 단어가 부정적인 의미로 표현되는 것을 우려하여 정부에서도 대체 용어를 마련하고 있는 중이다. 그 예로써 '인지장애(認知障礙)' '인지증(認知症)' 등이 거론되고 있다.

전 세계적으로 치매 유병률은 65세 이상 노인에서 약 5-10%로 나타나고 있다. 치매 유병률은 선진국의 경우는 미국 13.9%, 캐나다 8%, 영국 6.6%, 이탈리아가 8.3%였으며, 개발도상국은 대체로 그 보다는 전반적으로 낮은 유병률을 보이고 있다. 그 이유는 분명하지는 않지만 인종, 환경의 차이뿐만 아니라 연구방법도 영향을 미칠 것으로 추정된다.

우리나라는 현재, 치매의 예방과 치매환자에 대한 보호·지원 및 치매에 관한 조사·연구 등 수행하고 있으며, 치매관리사업 수행기관으로 중앙치매센터, 광역치매센터, 공립요양병원, 치매안심병원, 치매안심센터 등을 두어 대응하고 있다.

1.5.3 치매 예방을 위하여

일반적으로 치매를 예방하기 위한 방법[15]으로 다음과 같은 내용을 제시하고 있다.

15) 질병관리청 국가건강정보포털-치매 (kdca.go.kr)

① 신체적인 건강을 유지하도록 노력합니다. 이를 위해 자신에게 알맞은 운동을 선택하여 꾸준히 운동을 하도록 합니다. 걷는 것도 좋고 에어로빅을 하고 수영을 하여도 좋으나, 무엇보다 중요한 것은 즐거운 마음을 가지고 운동하는 것입니다.

② 취미 생활을 갖도록 합니다. 특히 세밀한 손동작을 사용하는 취미가 좋은데, 예를 들면 즐거운 마음으로 서예, 자수, 그림 그리기 등을 하는 것이 도움이 됩니다.

③ 두뇌 활동을 많이 하도록 합니다. 텔레비전을 보거나 신문이나 잡지를 매일 읽으면서 두뇌 활동을 지속시키는 것이 좋습니다. 글을 쓰는 것도 좋으며 일기를 매일매일 쓰는 것도 기억력을 유지하는 방법이 될 것입니다.

④ 친구들과 지속적인 관계를 유지하고 가능한 한 사회 활동을 많이 하도록 합니다. 노인이 되면 여가가 많기 때문에 그동안에 하지 못하였던 사회 봉사활동에 적극 참여하고 이를 통하여 친구들을 많이 사귀는 것이 좋습니다.

⑤ 스트레스를 줄이도록 합니다. 스트레스에 시달리게 되면 혈관이 수축하고 혈압이 상승할 수 있습니다. 에릭슨(Erikson)은 노년기를 흔히 자아 통합 대 절망의 시기라고 하였습니다. 이 시기에는 자신의 생을 정리하고 받아들이고 의미를 찾음으로써 행복감을 느낄 수 있다는 의미입니다. 그렇지 못할 경우 남을 원망하거나 절망감을 느끼게 됩니다. 그렇기 때문에 항상 즐거운 마음을 가지고 긍정적인 생활 태도를 가져야 합니다.

⑥ 체중을 관리하여 살이 찌지 않고 정상체중을 유지하도록 합니다. 그러기 위하여서는 식사관리를 하여야 합니다. 건강에 필요한 영

양소를 골고루 섭취하도록 합니다. 염분이 많은 음식은 고혈압이나 심장 또는 신장 질환을 가지고 있는 사람에게는 해롭습니다. 당뇨병을 가지고 있는 사람은 탄수화물을 피하고 열량 섭취를 제한하여야 합니다. 그리고 고지혈증을 가지고 있는 사람은 콜레스테롤이 많이 들어 있는 음식을 피하여야 합니다.

⑦ 추운 날씨에 외출하는 것은 삼가야 합니다. 왜냐하면 추운 온도에 노출이 되면 뇌경색이 일어나기 쉽기 때문입니다.

⑧ 변비를 피하도록 합니다. 혈압이 높은 사람은 대변을 보기 위하여 힘을 쓰다가 뇌졸중을 일으키기 쉽습니다.

⑨ 음주, 담배, 카페인 등을 삼가도록 합니다. 음주는 과도할 경우 직접적으로 인지기능을 저하시켜 알코올성 치매를 일으키거나 베르니케 코르사코프(Wernike Korsakoff) 증후군을 일으킬 수 있습니다. 담배는 심폐기능을 저하시키며 심근경색이나 뇌경색의 원인이 될 수 있습니다.

⑩ 난청이나 시력 장애를 가지고 있는 경우 새로운 정보를 접하는데 지장을 주며 치매 환자로 의심받을 수 있습니다. 따라서 보청기나 안경을 착용하여 정상적인 청력과 시력을 갖도록 하는 것이 좋습니다.

1) 알츠하이머병의 진단 기준

여러 가지 알츠하이머병의 진단 기준이 개발되어 왔다. 그중 가장 널리 사용되는 것은 DSM-IV와 NINCDS-ADRDA 기준[16)]이다. DSM-

16) NINCDS-ADRDA 알츠하이머 기준은 1984년 국립 신경 및 의사소통 장애 및 뇌졸중 연구소와 알츠하이머병 및 관련 질환 협회에 의해 제안되

IV에 따르면 다른 원인이 없으며, 증상이 서서히 발생하여 지속적으로 악화되어야 치매로 진단한다. NINCDS-ADRDA 기준은 알츠하이머병의 가능성이 있는 상태, 알츠하이머병일 것으로 생각되는 상태, 그리고 명확한 알츠하이머병으로 나눈다.

표 1-4. 알츠하이머병의 DSM-IV 진단기준[17)]

A. 복합적 인지 결손이 다음의 두 가지로 나타난다.
  A1. 기억장애
    (새로운 정보에 대한 학습장애 또는 병 전에 학습한 정보의 회상 능력)
  A2. 다음 인지 장애 중 한 가지 이상이 있어야 한다.
    (a) 실어증(언어 장애)
    (b) 실행증(운동기능은 정상이나 예전에 잘하던 도구사용이나 행동의 장애)
    (c) 실인증(감각기능은 정상이나 문체를 잘 인지하지 못하거나 감별하지 못함)
    (d) 실행 기능의 장애(즉, 계획, 조직, 절차, 추상의 장애)
B. 기준 A1과 A2가 사회적 또는 직업적 기능에 있어서 심각한 장애가 되고, 병 전 기능 수준보다 상당히 감퇴되었다.
C. 서서히 발병하고 지속적인 인지 능력의 감퇴를 보인다.
D. 진단 기준 A1과 A2가 아래의 원인에 의한 것이 아니어야 한다.
  (1) 점진적인 기억과 인지장애를 일으키는 다른 중추신경계 질환
    (예: 뇌혈관 질환, 파킨슨 병, 헌팅톤 병, 경막하 혈종, 정상압 수두증, 뇌종양)
  (2) 치매를 일으키는 정신적 상태
    (예: 갑상선 기능 저하증, 비타민 B12 또는 엽산의 결핍, niacin의 결핍, 과칼슘 혈증, 신경매독, AIDS)
E. 섬망과 같이 나타나서는 안 된다.
F. 인지장애가 다른 정신과 질환에 의해 더 잘 설명되지 않는다.
  (예: 주요 우울증, 정신분열증)

2) 알츠하이머병의 치료제 개발

미국 식품의약국(FDA)이 알츠하이머 치료제 '레켐비(Lequembi, 성분명 레카네맙)'를 정식 승인했다는 소식이 알려지면서 국내 치매 환자

었으며 알츠하이머병 진단에 가장 많이 사용되는 기준 중 하나이다.

17) 질병관리청 국가건강정보포털-치매 (kdca.go.kr)

와 그 가족들의 관심이 커지고 있다.[18] 일부 부작용은 우려되기도 하지만, 초기 단계 환자에게는 효과가 있는 점에서 기대가 되는 성과라 할 것이다. 인구의 고령화가 진행되면서 각국에서는 치매 고령자의 수가 날로 증가하고 현실 속에서 치매를 치료할 수 있다는 기대를 갖게 되었다. 아직까지는 1년 투약에 소요되는 약값도 한계가 있는 실정이지만, 앞으로 다양한 분야의 연구가 이루어지면 한 단계 더 나은 해결방안이 나올 것으로 기대된다.

3) 치매안심센터의 운영

우리나라도 2011년 치매관리법[19]을 제정하여 치매의 예방, 치매환자에 대한 보호와 지원 및 치매 퇴치를 위한 연구 등에 관한 정책을 종합적으로 수립·시행함으로써 치매로 인한 개인적 고통과 피해 및 사회적 부담을 줄이고 국민건강증진에 이바지하고 있다.

또한, 치매국가책임제의 일환으로 국가는 치매환자와 보호자의 건강하고 행복한 삶을 누리고, 부담을 줄이기 위해 전국 보건소에 치매안심센터를 설립, 다양한 서비스를 제공하고 있기도 하다.

따라서 2017년부터 치매 관리 서비스를 원스톱으로 제공하기 위하여 중앙치매센터, 광역치매센터, 치매안심센터와 치매안심병원 등을 설치, 운영하고 있다. 치매안심센터에서 등록 절차를 밟은 환자와 가족들은 상담을 통해 1:1 맞춤 서비스를 제공받을 수 있도록 하고 있다.

---

18) 중앙일보, 부작용 우려에도 "이건 달라"…FDA 인정한 최초 치매 치료제, 2023.07.09.

19) 국가법령정보센터 | 법령 > 인용조문 3단비교 (law.go.kr) 치매관리법

제2장

치매 고령자를 위한 케어

2.1 치매 고령자의 케어니즈에 대한 이해

2.1.1 치매 고령자의 케어니즈

'니즈(Needs)'라고 하는 말은 욕구, 필수, 빈곤, 절박한 사태 등으로 번역되고 있다. 일상적으로도 이용되는 말이기도 하지만, 사회복지분야에서 "소셜니즈(Social Needs)"라고 하는 경우에는 인간이 사회 활동을 영위하는데 있어서 없어서는 되지 않는 기본요건을 결여한 경우를 말한다.

'치매 고령자의 니즈'라고 하게 되면, 치매 고령자가 안전하고 쾌적하며, 정서적으로 안정된 생활을 영위하기 위한 기본요건이라 할 수 있다. 치매 고령자의 경우는 치매에 따른 주된 증상, 주변 증상, 고령화에 의한 신체적 기능의 저하가 있으며, 종합적이고 잠재적인 니즈인 관계로 파악하는 데도 상당한 어려움이 있다.

치매 고령자를 케어하는데 있어서 중요한 것은 해당 고령자의 기본적인 속성을 파악하고, 신체적 상황, 치매로 인한 주된 증상, 주변 증상의 관찰 및 분석이 필요하다. 그러한 것을 파악하는 것이 치매 고령자의 니즈의 명확화를 도모하는 일이다. 그 수단으로서 치매 고령자의 심리·사회적 측면을 이해하는 것이 무엇보다도 중요하다. 단순히 심리를 이해한다고 하더라도 간병인과 치매 고령자 사이에 신뢰 관계, 소위, 라포르(rapport)[20]상황이 되지 않으면 올바른 이해를 얻을 수 없음을 알아야 한다.

20) 라포르(Rapport)=신뢰관계. 원조자와 서비스 이용자 간의 신뢰감이 넘친 가벼운 기분으로 부드럽고 친밀한 관계.

2.1.2 치매 고령자의 심리적 특징

치매가 되면, 싫어하는 것은 모두 잊어버리고 죽음에 대한 불안, 혹은 일상생활에 대한 불안 등 다양한 불안, 공포로부터 해방되어 역으로 행복해지는 것은 아닌가? 하고 생각하는 사람도 결코 적지 않다. 그러나, 실제로 치매 고령자와 접하고 있으면, 결코 그렇지 않다는 것을 알 수 있다. 치매라고 하는 질병은 자신이 잊고 싶은 것만을 형편에 맞게 잊어버리는 것이 아니고, 오히려 판단 미스가 많을 때에는 곤혹스러워한다든가, 불필요한 불안을 품는다든가, 피해의식을 가진다든가 하는 등 쾌적한 심리상태와는 거리가 먼 상태에 놓이게 된다는 것을 이해하여야 한다.

1) 불안 상태

치매 고령자는 기억력, 소재식(공간적 방향감각 상실)장애 등으로 인하여 자기 자신이 놓여있는 상황을 인식하는 것이 매우 곤란하게 된다. 또 일상 생활에 있어서도 과거, 현재, 미래라고 하는 연속성이 없어지고, 불안 상태에 빠지기 쉽다. 나아가 자신의 부적절한 행동으로 인하여 주변으로부터 지적받든가 하면 자존심에 상처를 받아 흥분하다든가 반대로 우울하게 되는 경우도 있다.

2) 피해 심리

치매 고령자는 기억이 결여되어 가기 때문에 이따금 착각하는 일이 있다. 보통의 착각이라면 정정도 가능하겠지만 기억이 결여되어 있어서 착각을 사실로 받아들이고 정정이 되지 않는 경우가 많다. 대표적인 예가 '도난 망상'이다. 이것은 치매에 기억의 결여라고 하는 요인에 더하여져 고령자 특유의 심리적 배경도 영향을 미치고 있기 때문이며, 또 대상도 주변의 가까운 사람을 향한다거나 잠재적 의식의 구현화였다가 하는 경우도 있다. 더욱이 고도의 피해 망상이 되면 '죽인다'고 말하며 흥분 상태를 노출하는 경우도 있다.

3) 혼란 반응

치매의 진행과 함께 기억장애는 더욱 악화하고 이로 인하여 주변의 상황을 정확하게 파악하는 것이 곤란하게 된다거나 혼란 상태로 되기 쉽다. 대표적인 한 예로 '황혼 증후군'이 있다. 치매 고령자는 저녁 무렵부터 침착성이 없어지고 기분이 나빠지거나 하는 경우가 있으며, 밤이 되면 더욱 혼란 반응을 가끔 일으키기도 한다. 이것은 주간에 비하여 야간에는 인간의 심리에 불안을 품기 때문이며, 고령자 중에는 백내장 등에 의한 시력 장애도 더해져서 사물을 확실하게 인지할 수 없는 사람도 있게 되는 것에 기인한다.

그러나, 치매 고령자의 혼란 상태는 저녁 무렵, 야간에 한정된 것은 아니고, 기본적으로는 기억력, 공간적 방향감각 상실로 인하여 항상 불안을 안고 혼란한 상태에 있다는 점, 더욱이 이 혼란한 상태에서 어떠한 문제행동으로 발전할지 모른다는 것을 알아둘 필요가 있다. 그리고 어떠한 상태라도 각각의 행동에 대해 심리적 측면에 대한 분석이 필요하다.

치매 고령자에게 잠재되어 있는 다종다양한 니즈를 정확하게 파악하고 분석하는가 그렇지 못한가에 따라 케어에 미치는 영향은 크다. 따라서 치매 고령자에 대한 포괄적 케어를 실현함에 있어서는 니즈의 발굴, 파악, 분석, 평가, 그리고 케어가 실현된 후 니즈의 충족도 확인 등 일련의 작업은 지극히 중요한 의미를 갖는다.

2.2 치매 고령자를 위한 케어 스킬(Care Skill)

2.2.1 고령자 간호의 원칙을 중시

일반적으로 고령자를 위한 간호는 치매 고령자만이 아니라 노인요양 시설의 특성, 고령자의 건강의 정도, 스탭의 구성 등에 따라 간호나 케어를 실천하는 방법도 달라진다. 그러함에도 불구하고 치매 고령자나 비치매 고령자에 대한 간호의 기본은 변함이 없다고 할 수 있다. 따라서 여기에서는 고령자에 대한 간호의 일반적인 기본 내용에 대해서만 언급하고자 한다.

1) 고령자 개개인의 인간다움의 존중

고령자에게는 긴 인생 가운데 어린 시절부터 형성해 온 개성과 고유한 생활 습관이 있다. 고령자는 특별한 근거도 없는 것을 믿는다든가 그다지 가치가 없어 보이는 것을 소중히 한다든가 무의미한 것으로 생각되는 특별한 행동을 취한다든가 하는 개성적이라고 할 수 있다.

이러한 고령자의 개성미 넘치는 생활 행동을 노인병원이나 노인요양 시설에서 강제적으로 수정하고자 하면 그 간호 또는 케어는 실패할 가능성 또한 상당히 높다. 다른 사람에게는 그다지 쓸모없이 보이는 것이라도 그 고령자에게 있어서는 더없이 중요한 것일 수도 있으며, 과학적으로 근거가 없는 것이라도 그 고령자가 가진 나름대로 근거에 기초하여 생활행위나 활동이 이루어지고 있는 것이다. 고령자를 위한 간호나 케어에 있어서 고령자의 개성이나 습관을 수정하는 것이 아니라 어떻게 하면 그것을 수용한 케어가 가능하겠는가 하는 것을 생각해야 한다.

어떻게 인생을 살아왔는가? 무엇을 즐기고, 무엇을 슬퍼하고 있는가? 어떤 생활 신념을 가지고 있는가? 무엇을 갖고 싶어하는가? 이에 대해서는 고령자 모두가 다를 것이다. 고령자가 현재의 환경 속에서 활기차고 재미있게 생활하기 위해서는 그 사람의 의견에 좀 더 귀를 기울이고 그 사람의 태도를 관찰하여 그 사람다움을 최대한으로 지지해가는 것이 무엇보다도 중요하다.

2) 일상생활 동작의 자립을 추구

고령자의 식사, 배설(소변, 대변), 청결 행위(목욕, 세면), 이동, 착의와 탈의 등과 같은 일상생활 동작의 능력(ADL[21])은 신체적 장애를 수반하지 않더라도 자연적 가령에 의해 점진적으로 약해진다. 누구나 신체적 장애를 가지면 일상생활 동작 능력 또한 약해진다.

인간이 일상생활 동작의 자립을 방해받게 되면 그 사람의 행동 범위는 좁아진다. 와상(臥床) 상태로 지내는 고령자와 휠체어나 보조 용구를 사용하여 이동 가능한 고령자는 행동 범위가 전혀 다르다.

고령자가 신체적 기능의 일부는 잃어버렸다고 하더라도 나머지 부분

21) ADL(Ability of Daily Living) 일상생활 동작의 능력

의 기능 일부는 남아 있을 수 있다. 그 남아 있는 신체적 기능을 최대한 활용할 수 있도록 리허빌리테이션(rehabilitation) 간호를 도입하여 고령자에게 맞는 용구나 장비를 사용하여 가능한 한 일상생활 동작 능력을 높여가는 방법을 생각할 필요가 있다.

따라서 고령자가 자존감을 유지하고 지낼 수 있는 조건 중의 하나가 일상생활 동작의 자립이라 할 수 있다. 따라서 고령자 개개인의 잔존 능력을 이용한 일상생활 동작의 전개를 고려하는 것이 무엇보다도 중요하다.

3) 철저한 관찰과 적확한 판단

간호사의 전문적인 관찰은 고령자의 질병 악화를 예방하고 회복을 촉진한다. 많은 고령자 가운데는 조심성이 많은 고령자, 참는 것을 미덕으로 생각하는 고령자, 반응이 느린 고령자, 치매 고령자와 같이 의지 전달이 되지 않는 사람도 있다. 이와 같이 본인의 의지 전달이 자유롭지 못한 고령자에 대한 관찰은 간호사가 담당하는 중요한 일이기도 하다.

고령자의 언어로 잘 전달되지 않는 소리를 알아듣고, 희미한 표정의 변화까지도 잡아내는 관찰을 통하여 건강 상태를 판단하는 일은 전문적인 지식과 경험을 필요로 한다. 케어 스탭의 '왠지 힘이 없어 보인다'라고 하는 한마디에서 간호사가 관찰하여 의사와 함께 처치해서 한 생명을 구했다고 하는 사례도 있다. 고령자와 접하고 있는 간호사의 세심한 관찰(觀察)과 적확한 판단(判斷)은 노인의료복지가 변화하더도 중요한 역할이 된다.

4) 터미널 케어

고령자에게 어떤 질병이 생기면 그것이 악성이 아니더라도 죽음의 위험성이 동반될 수도 있다. 건강한 고령자라고 하더라도 신체적 기능이 약해짐으로써 음식물이 목구멍에 막혀서 사망에 이르는 등 사고에 휘말리는 경우도 있다.

또, 사회적인 역할을 마치고, 신체적인 장애와 노쇠로 인하여 요양생활을 하는 고령자는 언제 죽을지 모른 채 하루하루를 사는 것은 고통스러울 뿐이라고 호소하기도 한다. 고령자에게 있어서 죽음은 가까이 있는 것이며, 고령자 누구나 다다르게 되는 최종 지점이다.

고령자는 악성질환의 유·무에 관계없이 죽음에 이르는 경우도 있고, 노쇠와 질환을 구별하기 어려운 점도 있어서, 고령자의 터미널 스테이션(terminal station)에 대해서는 의논의 여지가 있다. 그러나 고령자 간호에서는 터미널 케어(terminal care)를 알아 둘 필요가 있다.

고령자의 죽음은 어린이나 청장년의 죽음과 다르다. 어린이나 청장년의 경우는 인생의 도중이며, 가족이나 일을 남기고 죽을 수밖에 없기 때문에 어떤 종류의 무상함을 주위 사람들에게 남기게 된다. 고령자의 죽음은 질병은 있어도 늙음과 죽음이라는 연속성에서 자연스럽게 받아들이는 경우와 인생을 지금까지 살아왔다고 하는, 긍정적으로 받아들일 수 있는 경우가 많다.

일반적으로 고령자가 죽음을 맞이하는 장소로는 의료시설, 주택, 요양시설과 같은 복지시설 중 어느 것인가에는 해당한다. 고령자가 어느 곳에서 죽음을 맞이하는가는 미리 가족과 협의해 두기도 한다. 또, 고령자의 고통 경감이나 신체적 상태에 대해 의사와 상담을 한다. 인공호흡기의 사용 등에 대해서는 사전에 가족과 협의해 둔다.

가족은 죽음에 직면하는 일은 적기 때문에 불안해하거나 공포스러워하는 일이 있다. 고령자의 죽음을 함께 케어한다는 자세를 갖고, 가족에게도 원조를 한다. 자택에서의 고령자의 생활을 같이 이야기하고, 그것에 보다 가까이 갈 수 있도록 가족 구성원에게 케어에 참가하도록 하는 것도 좋다.

터미널 케어는 고령자에게 한정되는 것만은 아니며, 그 사람의 개성에 맞춘 것이다. 종말이 가까워졌다고 터미널 케어를 행하는 것은 아니다. 지금, 고령자에게 필요한 간호를 거듭해 가는 것이 고령자의 남은 생을 원조하는 터미널 케어가 되는 것이다. 고령자의 죽음은 언제 어디서 일어날지 알 수 없지만, 그 죽음이 언젠가 그다지 멀지 않은 장래에 온다는 것을 마음속에서 의식해 둘 필요가 있다.

그 사람의 개성을 존중하고, 인간답게 살아가게 하는 것이 고령자 간호의 추구하는 방향이다. 일반적으로 노인병원이나 노인요양시설은, 일반병원에서 보면 최신식 의료기기가 없다던가 연명을 위한 처치를 할 기회가 적다. 고령자 간호에 있어서도 일상생활에 대한 케어가 많고, 의학적 처치가 적다든가, 하루의 생활 흐름이 느슨하다. 이것은 간호사가 생활 원조라고 하는 시점을 넓혀 일상생활의 케어를 충실히 하여 거듭해 갈 수 있는 기회가 되기도 한다.

5) 토탈 케어(Total Care)[22]의 적용

고령자에 대한 케어는 목욕 케어, 식사 케어, 배설 케어와 같은 신체적 케어를 비롯하여 수용, 경청과 같은 정신적 대응(케어)이 있으며,

22) 竹内孝仁·川村耕造, 施設のケアスキル, 中央法規, 1993, p.109

그중에서도 치매 고령자에 대해서는 정신적 대응(케어)에 의한 효과는 크다고 생각된다.

또, 치매에 의한 정신 증상 및 문제행동에 대한 대응, 안전성의 확보, 쾌적한 생활환경의 창조와 같은 물리적 환경의 정비, 혹은 고령자의 퍼스낼리티(personality) 구조를 성장 이력, 생활 이력 등으로부터 명확히 하고, 또 고령자에게 직접 관계하고 있는 사람들의 상황, 즉, 심리적 측면과 사회적 측면의 상호관계 속에서 문제를 평가한다고 하는 사회·심리적 평가를 기초로 접근해가는 사회·심리적 원조를 가능하게 하는 인적·사회적 환경조건의 확보도 되어야 한다.

치매 고령자의 케어에 관해서는 치매의 의학적 진단, 신체 상황, 정신 증상 및 문제행동의 평가, 치매의 수준 평가 등을 파악한 뒤 물리적 인적·사회적인 케어 환경의 정비·충실을 도모하여야 한다.

노인요양시설 스탭들의 전문성을 추구하고, 전문분야별 스탭에 의한 팀 케어의 실현을 통하여 고령자의 자립원조를 도모하면 입소 고령자의 QOL향상이라고 하는 일상생활에 관한 토탈 케어를 기대할 수 있을 것이다.

6) 주거-복지-보건-의료의 연계

치매 고령자에게 한정되는 것은 아니지만, 다종다양한 요구를 가진 고령자를 포괄적으로 케어하기 위해서는 주거, 복지, 보건, 의료의 각 제도가 각각 단독으로 기능하지 않고, 연계하여 종합적 서비스로 제공할 수 있어야 한다.

특히, 노인요양시설에 있어서도 일상생활 케어뿐만 아니라 간호 혹은 의료적 지원을 필요로 하기도 하며, 당연히 자립 생활을 추구하기 위한 이학요법, 작업요법의 접근도 필요하게 된다. 이것은 앞에서 언급한 바와 같이 팀 케어와도 연결되는 일이지만 각종 전문 분야 스탭 간의 팀워크에 의한 광범위한 전문지식과 기술의 제공 가능성과 긴밀한 연계로부터 포괄적인 케어가 실현되게 된다.

그러나, 각종 재가복지서비스 제공의 경우에는 비정형적인 지역지원자와의 연계도 잊어서는 안된다. 더욱이 다종다양한 요구를 갖는 고령자와 이것에 대응해 가기 위해서는 케이스 메니지먼트(case management) 등의 지원 서비스 기술의 활용을 적극적으로 활용해 가는 것도 중요하다.

2.2.2 치매 고령자에 대한 케어 스킬(Care Skill)

치매 고령자가 사용하는 생활공간과 각종 보조기구는 치매 고령자의 일상생활에 직접적으로 작용하지만, 간호사, 요양보호사, 보호자들에게는 케어를 용이하게 하는 요소가 되기도 한다. 치매 고령자의 수발 환경, 치유 환경, 보조 환경, 사회적 환경 등이 치매 고령자와 그 가족의 삶의 질에도 영향을 미치게 되므로, 이하에서는 치매 고령자를 위한 케어스킬에 대해 살펴보고자 한다.

1) 케어 환경에 대한 기본적인 사고

치매 고령자의 케어 환경에 대해서는 크게 두 가지로 나눌 수 있다. 그것은 첫째, 치매 고령자의 생활환경, 이른바 물리적 환경과 둘째, 지원 서비스, 처우 단위, 맨파워와 같은 요소를 포함한 인적·사회적 환경이다.

치매 고령자에게 있어서 환경은 비치매 고령자에 비하여 치매라고 하는 장애가 있는 상태에 고령화에 의한 신체적 장애가 더해져서 다양한 것이 장벽이 되고, 일상생활을 곤란한 상태로 지내게 된다.

게다가 생명의 위기를 초래하는 일조차도 있다. 따라서 치매 고령자에게는 보호나 케어가 당연히 필요하게 되지만, 이 보호나 케어가 과도하게 되면 치매 고령자의 자립성을 저하시키고 의존성을 높이게 되며, 때로는 본인의 존재감을 부정하여 인간성을 상실시키는 일조차도 피할 수 없게 되기도 한다.

그러한 점에서 일상 생활상 곤란한 장벽이 되는 원인을 가능한 한 제거하여 안전하고, 인간으로서 존중되고, 다양한 일에 참가할 수 있고, 또한 자립적인 생활을 보낼 수 있도록 케어 환경을 정비할 필요가 있다. 요양환경 구성에 있어서 노멀라이제이션(normalization)[23] 이념이 실현되어야 치매 고령자들이 보다 쾌적하고 안정된 일상생활을 보낼 수 있는 물리적 환경이 구축되며, 그 결과 치매 고령자의 QOL향상으로 이어질 수 있다.

2) 치매 고령자의 행동 특성에 대한 대응

치매 고령자는 그 정신 증상에서 문제행동이라고 하는 행동적 특성을 나타내고, 그 결과 일상생활에 지장을 초래하게 된다. 이와 같은 문제행동에 대응하여 안전하고 예방할 수 있는 환경이 필요하지만, 단순

---

23) 노멀라이제이션 (Normalization)이라는 말은 노인복지 서비스를 포함한 복지정책의 새로운 사고방식으로서, 보다 넓게 사용되고 있는 용어다. 사회복지사업 대상자를 특수하게 보고 격리해서 치유하려는 사고방식에서 벗어나, 장애인이나 거동이 불편한 노인 또는 장기요양 환자 등이 일상에서 보통의 생활을 하도록 돕는 것이 본인의 복지와 행복 차원에서 바람직하다는 관점의 이념이다.

하게 문제행동이라고 하여도 다종다양하며 대응방법도 각각 개별적으로 대응해 가야만 한다. 이하, 대표적인 행동 특성을 예로 하여 살펴보기로 한다.

(1) 위험한 행동에 대한 대응

치매 고령자들은 통상은 아무렇지도 않은 곳이 장벽이 된다든가, 부상당한다든가, 생명을 잃는다든가 하는 일이 있다. 이러한 일들은 치매 고령자의 행동 특성에 따라 환경이 정비되어 있지 않은 것에 기인하게 되며, 예방을 위해서는 치매 고령자의 행동 특성을 충분히 이해하여 건물이나 설비의 상태를 개선하여야 한다.

치매 고령자의 위험한 특성으로 다음과 같은 것을 예로 들 수 있다.

① 정확한 정보전달과 받아들임이 곤란하여 위험예지가 곤란하다.

② 위험이 파악되어도 빨리 회피하는 것이 곤란하다.

③ 무엇이 위험한지 판단을 잘못하고 틀리기 쉽다.

④ 전도(轉倒)되기 쉽다.

⑤ 추락하기 쉽다.

⑥ 충돌하기 쉽다.

⑦ 끼이기 쉽다.

⑧ 위험한지도 모르고 접근하기 쉽다.

⑨ 화재나 지진 시 피난 대책을 취하기 어렵다.

(2) 장소의 공간적 방향감각 상실에 대한 대응

노인요양시설에서는 규격화된 동질의 침실이 배치되어 있는 경우가 많고, 치매 고령자는 자신이 전용적으로 사용하고 있는 침실 조차도 바르게 인식하기 어려운 경우도 있다. 따라서 침실 등의 목적지까지의 경로를 명확히 하고 각자의 침실을 잘 구분할 수 있도록 배려할 필요가 있다. 또한, 복도의 끝부분이나 중간 부분에 개성있는 앨코브(Alcove) 공간을 확보하여 외부를 볼 수 있게 하거나 공간적 분위기를 감지할 수 있도록 할 필요가 있다.

(3) 배회에 대한 대응

치매 고령자의 문제행동 중 두드러진 특징을 보이는 배회는 때로는 사고로도 이어지기 쉬워서 과잉보호나 인격의 비존중적 설비의 도입 등과 같은 방법으로 대처하고 있는 사례를 볼 수도 있다.

막다른 통로(복도) 형태인 경우는 배회를 하는 문제행동을 보이는 치매 고령자들에게는 또 다른 문제를 유발하는 원인이 되기도 한다. 따라서, 노인요양시설 등에서 일반적인 해법으로 막힘이 없이 연결된 통로의 확보를 제시하기도 하지만, 문제행동으로 배회를 하는 치매 고령자로부터 비치매 고령자들의 생활 안정을 도모하는 데는 긍정적인 측면도 있다. 배회에 대한 해결책으로 배회할 수 있는 공간을 확보하는 것만으로 모두 해결되는 것은 아니어서, 정신적 케어, 각종 프로그램의 참가 유도와 다면적인 대응이 필요하다.

(4) 실금에 대한 대응

실금(失禁)에는 뇨의(尿意)가 없거나, 화장실 위치를 모르거나 또는 스스로 착의나 탈의가 되지 않아서 등의 다양한 원인이 있지만, 화장실의 장소를 명확히 하거나 그곳까지의 경로를 명확히 하고, 나아가 침실 부속형 화장실을 확보하거나 거실 또는 데이룸(day room)에 인접하여 화장실을 배치하거나 귀저기 갈이 공간 등을 별도로 확보하는 것이 유효한 방법이기도 하다. 잦은 실금으로 인하여 치매 고령자의 프라이버시가 침해되는 상황이 발생하지 않도록 케어를 실현하는 것이 중요하다. 실금으로 인한 문제를 줄이기 위해서는 배회와 마찬가지로 다면적인 대응이 필요하다.

(5) 큰 소리를 지르는 행동에 대한 대응

요양 생활 중 가끔 또는 자주 큰 소리(大聲)를 내는 치매 고령자가 있는 경우 인접한 침실을 사용하거나 침실을 같이 사용하는 고령자의 일상생활에 미치는 영향은 무시할 수 없게 된다. 따라서 이러한 경우와 같이 다른 입소 고령자들이 감내하기 어려운 정도로 큰 소리를 자주 지르는 경우는 별도의 물리적 환경을 갖춘 특별실을 마련하여 사용하도록 할 필요가 있다. 이 경우에도 근본적인 원인을 알아내어 생활을 안정시키기 위해서는 배회와 마찬가지로 다면적인 대응이 필요하다.

3) 치매 고령자에 대한 인적·사회적 환경

(1) 정서적 안정

치매 고령자의 치매 증상에 기인하여 일으키는 문제행동은 정서적 안정이 도모됨으로써 경감된다는 것은 이전부터 언급되고 있다. 정서적 안정의 확보가 치매 고령자의 문제행동을 줄이는데 관여하고 있는 점, 또 안정의 확보를 위해서는 생활의 장으로서 인적·사회적 환경 및 건축·설비적인 물리적 환경의 정비가 유효하다고 생각된다.

인적·사회적 환경에 대해서는 이용자의 퍼스낼리티 구조를 성장 이력이나 생활 이력 등으로부터 밝히고, 또 이용자에게 직접 관계하는 사람들의 상황, 즉 심리적 측면과 사회적 측면의 상호연관 속에서 문제에 대해 평가하고 접근하는 사회·심리적 원조 외에도 생활 활성화를 위한 오리엔테이션, 리얼리티 오리엔테이션 및 적당한 자극을 부여하거나 역할극 등 케어 프로그램이 계속될 수 있는 환경이 필요하다고 생각된다.

그러나, 오늘날의 노인요양시설에 있어서 케어 스탭은 식사, 목욕, 배설 등의 케어, 신변 정리, 외출, 취미활동 등의 지원 및 실내·외 청소, 환경정비 등 다종다양하다. 그러나 지속적으로 사회·심리적 지원에 충분한 시간을 들이기에는 곤란한 것이 현실이기도 하다.

(2) 인적대응의 고려

앞에서 언급한 사회·심리적 지원을 계속적으로 행하는 환경조건 확보로서 한 사례를 언급하고자 한다. 치매 고령자의 정서적 안정과 케어 환경 간의 상호관계를 고려하여 치매 고령자에 대해 사회·심리적 지원을 충분하게 지원할 수 있도록 하기 위해서는 전문적인 스탭인 '컨텍트 퍼슨(contect person)'을 배치하는 개별 프로그램을 운영할 수도 있다. 컨텍트 퍼슨이란 통상업무와는 구별하여 치매 고령자의 정신적 대응에 전념하는 직원이며, 입고 고령자의 생활 리듬에 맞추어 매일 거실 등에서 작은 그룹의 치매 고령자에 대해 업무를 수행한다.

컨텍트 퍼슨의 기본적 업무 목표는 아래와 같다.

① 리얼리티 오리엔테이션에 힘쓴다.

② 고령자의 가능한 생활 활동을 실현화하는 리·오리엔테이션을 실

시한다.

③ 보호, 수용, 경청에 힘쓴다.

④ 고령자의 희망 사항을 찾아내어 그것을 실현하는데 힘쓴다.

⑤ 심리적 접근을 기본적으로 생각하며 대응한다.

이 컨텍트 퍼슨에 의한 효과는 정서적 안정, 생활의욕 및 사회성에 관하여 전반적으로 인정되고, 심리적 지원을 행하는 전문적인 스탭의 존재는 치매 고령자를 위한 케어 현장에 있어서 효과적이다. 치매 고령자의 케어에 있어서는 의학적 진단, 신체 상황, 치매에 의한 주증상 및 그 주변 증상의 올바른 평가를 기초로 과학적으로 케어를 한다. 물리적 및 인적사회적 측면과 같은 케어 환경의 정비, 스탭의 전문성 추구, 또 그들 전문 스탭의 팀케어에 의한 자립 지원, 혹은 케이스메니지먼트와 같은 지원기술을 활용하여 필요한 때에 필요한 서비스를 제공할 수 있도록 의료, 보건, 복지의 유기적이고 포괄적인 지원 시스템의 구축이 필요하다.

4) 치매 고령자를 위한 기본적인 물리적 환경

(1) 외부공간

치매 고령자의 케어 환경으로서 지역환경과의 조화를 유지할 필요가 있다. 그러기 위해서는 노인요양시설의 외관도 지역의 주변경관에 융화된 듯한 것처럼 보이게 하는 것이 바람직하다.

또한, 자유롭게 산책할 수 있는 자연이 풍부한 옥외 정원 등의 확보도 필요하다. 유의할 점으로는 대지의 고저차를 없애거나 경사로를 설치한다든가 하는 무장애 공간이 조성되어야 한다. 치매 고령자가 외부

공간을 산책하다가 제한된 영역을 이탈하는 문제가 발생하는 경우에 대비하여 안전하게 보호할 수 있는 설비가 필요하다.

(2) 내부공간

노인요양시설의 내부공간은 요양시설에 입소하여 지내는 치매 고령자에게 있어서 일상생활의 대부분을 보내는 생활의 장(場)이기 때문에 케어 측면 뿐만 아니라 치매 고령자의 QOL향상 측면에서도 중요하다.

일반적으로 노인요양시설은 긴 복도, 흰색의 콘크리트 벽 등으로 인하여 딱딱하게 느껴지기 쉽다. 치매 고령자에게 있어서 노인요양시설은 어디까지나 주택의 연장으로서 거주공간이기도 하다. 따라서 긴장감을 누그러뜨려 정서적 안정을 도모할 수 있도록 가급적 시설적인 분위기를 없애고, 장판, 창호 등을 현재의 고령자가 친숙해지기 쉬운 인테리어로 하는 것도 필요하다. 또, 치매 고령자의 안전 확보를 위해 외부공간과 마찬가지로 내부공간에 있어서도 무장애 디자인을 적용하여 무장애 공간으로 구성하는 것이 중요하다.

더욱이 노인요양시설에서 지내는 치매 고령자의 활동의 중심이 되기도 하는 거실에서 그룹 활동을 통해 고립화를 방지하고, 특별한 목적 없이 지내는 무위(멍하게 바라보는 듯하게 하고 있는)행위를 감소시켜 요양생활의 활성화를 도모하는 곳이며, 일상생활에 있어서 교류의 장(場)이기도 하며 치매 고령자의 생활에 크게 관계되는 곳이다.

향후, 그러한 것에 대응할 수 있도록 보다 여유있는 공간으로 조성할 필요가 있다. 치매 고령자의 요양생활을 위한 전문적인 시설인 노인요양시설과 노인요양공동생활가정(이하, 노인요양그룹홈)에 대해서는 제4장과 제5장에서 구체적으로 기술하고자 한다.

3.2.3 치매 고령자 케어 안내

치매 고령자를 집에서 케어하는 것은 매우 어려운 일이다. 여러 연구에 따르면 치매 환자의 보호자들 역시 우울증이나 신체 질환에 걸릴 위험이 높다고 한다. 일반적으로 치매 고령자의 보호자들이 가장 힘들어하는 것은 문제행동이다. 치매 고령자들은 옷 갈아입기, 목욕하기, 식사하기, 배설하기 등을 스스로 해결하기 어렵고, 도움을 받아서 일상생활을 유지하는 것도 힘들어진다.

다음은 미국의 National Institute on Aging에서 권유하는 알츠하이머병 보호자를 위한 안내서에 실려 있는 내용을 살펴보면 다음과 같다.

표 3-1. 알츠하이머병 보호자를 위한 안내서(내용 일부)[24)]

1) 치매 진단을 받았을 때
   - 주치의에게 "알츠하이머병"이 어떤 병이며, 경과가 어떻게 되는지에 대해 묻도록 한다. 현재 가능한 최선의 치료가 어떤 것이며 증상과 행동 문제를 완화하기 위한 방법에 어떤 것들이 있는지 묻도록 한다.
   - 가능하다면 치매 환우회나 알츠하이머병 환자들의 모임을 찾아 도움을 받도록 한다.
   - 보호자의 느낌과 걱정을 함께 나눌 만한 주위 사람들을 찾아서 도움을 받도록 한다.
   - 환자와 생활하는 시간을 보다 편하게 하기 위한 방법을 찾도록 합니다. 환자의 기능과 증상은 매일매일이 다른 양상으로 나타나므로, 유연하게 대처하여야 한다.
   - 데이케어센터(복지관, 병원) 이용을 적극적으로 고려한다.
   - 미래에 대한 계획을 세운다. 여기에는 경제적인 문제, 법적인 문제, 보험과 관련된 문제와 장기적인 요양 계획 등이 포함된다.

2) 대화하기
   - 가능한 단순한 단어를 사용하고 짧은 문장으로 대화한다. 목소리는 부드럽고 침착하게 하는 것이 좋다.
   - 환자들에게 어린아이에게 하는 것처럼 말하지 않는 것이 좋다. 또한 환자가 거기에 없는 것처럼 말하지 않는다.
   - TV, 라디오 등의 소음을 피하면 환자가 대화에 더 잘 집중할 수 있다.
   - 대화를 시작하기 전에 환자를 불러서 대화에 집중하도록 한다.

- 환자의 반응에 시간이 걸리더라도 충분히 기다려 준다.
- 환자가 단어를 생각해 내려고 애쓰면 부드럽게 도와준다.
- 긍정 질문을 하고, 긍정적인 명령문을 사용한다.

3) 목욕하기
- 환자가 원하는 시간을 정하여 목욕하고, 규칙적인 시간에 목욕하여 규칙적인 일상으로 만든다.
- 환자가 목욕하는 것을 두려워하거나 불편해 하는 것은 당연한 반응이다. 부드럽게 인내심을 가지고 대하라.
- 목욕을 하는 동안 매 단계에서 자세히 설명해 준다.
- 목욕을 시작하기 전에 목욕 과정에서 필요한 일에 대해서 미리 설명해 준다.
- 목욕물의 온도와 욕실의 온도에 주의한다.
- 미끄러지지 않도록 목욕용 의자, 손잡이 미끄럼 방지 매트 등을 이용하면 도움이 된다.
- 물수건으로 닦아내는 것도 좋다. 목욕을 매일 할 필요는 없다.

4) 옷 입기
- 매일 같은 시간에 옷을 갈아입도록 하여 규칙적인 일상이 되도록 한다.
- 환자 혼자 옷을 입고 벗도록 격려한다.
- 제한된 범위 내에서 환자가 원하는 옷을 직접 고를 수 있도록 배려한다. 환자가 특히 좋아하는 옷이 있다면 같은 옷을 여러 벌 사 두는 것도 좋다.
- 옷을 입는 순서에 맞추어 배열해 놓으면 환자가 스스로 옷을 입기 편하다.
- 환자가 입고 벗기 편한 옷을 고른다. 고무줄로 된 옷이나 벨크로(찍찍이)가 편할 수 있다.

5) 식사하기
- 식사시간은 알츠하이머병 환자가 사회적인 관계를 유지할 수 있는 좋은 기회이다. 인내심을 가지고, 환자를 재촉하지 않도록 한다.
- 조용하고 편안하며 안정된 시간이 되도록 배려한다. 정해진 시간에 식사하도록 한다.
- 환자에게 식단을 정할 수 있는 선택권을 주되, 선택할 수 있는 음식의 가짓수를 제한한다.
- 소량의 식사를 여러 번 하도록 한다. 치매 초기에는 과식을 하지 않도록 주의한다.
- 환자가 스스로 사용하기 편한 식기나 수저를 이용한다.
- 탈수를 막기 위하여 충분한 양의 물을 마시도록 한다.
- 병이 진행됨에 따라 질식의 위험이 증가하므로 주의하도록 한다.
- 정기적으로 치과검진을 받아야 하며, 구강 청결에 신경을 쓴다.

6) 일상생활
- 간단한 일상생활을 유지하는 것만도 환자에게는 힘든 일일 수 있다. 과욕을 부리지 마라.
- 환자가 스스로 일상 생활을 하도록 도와주고 격려한다. 일상적인 활동을 여러 단계로 쪼개어 각 단계를 수행할 때마다 격려를 아끼지 않는다.
- 일상 활동 중에 환자가 불안해하거나 혼란스러워하지 않는지 주의 깊게 관찰하고 필요하다면 도움을 준다.
- 여러 가지 일상 활동을 규칙적으로 수행할 수 있도록 돕는다.

7) 운동
- 보호자와 환자가 함께 즐길 수 있는 운동을 택한다(걷기, 수영, 테니스, 댄스, 정원 가꾸기 등). 이러한 운동을 언제 어디서 할 것인지를 결정한다.
- 수행 가능한 목표를 세운다. 서서히 진행한다. 예를 들면, 한 블록을 걷는다든지 하는 방식으로 적은 양부터 시작하여 서서히 늘려 간다.
- 피로감이 심하지 않은지 주의 깊게 관찰한다.
- 가능한 한 독립적으로 운동을 할 수 있도록 활동 계획을 세운다.
- 환자가 사는 지역에서 가능한 활동을 찾아본다. 동네에 있는 노인 센터의 그룹 프로그램에 참여하거나 지역 문화 센터 등의 노인을 위한 운동 소모임이 있다면 환자를 참여시키는 것도 좋은 방법이다.
- 운동을 계속하도록 격려한다. 날씨가 좋다면 야외 활동이 좋다.

8) 변비
- 병이 진행됨에 따라 알쯔하이머병 환자의 대부분이 변비, 요실금 등으로 고생한다. 변비는 치매 때문일 수도 있지만 다른 원인 질환이 있을 수 있으므로 주치의와 상의하도록 한다.
- 규칙적으로 화장실에 가도록 한다. 예를 들어, 낮에는 세시간 간격으로 가도록 하는 것이다. 환자가 말할 때까지 기다리지 않는다.
- 환자가 화장실에 가고 싶어하는 신호를 보내는지 관찰한다. 이러한 신호에는 안절부절 못하거나 옷을 끌어당기는 등의 행동이 있다.
- 옷에 실수할 경우에는 환자를 안심시키고 침착하게 행동한다.
- 밤에 실수하는 것을 예방하기 위해서 저녁시간에는 카페인을 섭취하지 않도록 한다.
- 외출할 경우에는 화장실이 어디 있는지 확인하고, 벗기에 편안한
- 옷을 입게 한다. 실수할 경우에 대비하여 갈아입을 옷을 준비한다.

9) 수면문제
- 낮 시간에 활발하게 몸을 움직이도록 하고, 낮잠은 자지 않도록 한다.
- 특히 오전 시간에 활동량을 늘인다.
- 방의 조명을 은은하게 하고 소음이 없도록 한다.
- 규칙적으로 같은 시간에 잠자리에 든다.
- 오후 늦은 시간에 카페인의 섭취를 피한다.

10) 망상/환각
- 환각과 망상이 신체적인 질환 때문일 수 있다.
- 환자가 듣는 환청에 대해서 환자와 논쟁하지 않는다. 환자가 느끼는 감정에 대하여 반응하고 안심시켜 준다.
- 환자가 망상에 사로잡혀 있으면, 주제를 다른 쪽으로 돌린다. 바깥으로 나가서 산책을 하는 것도 도움이 된다.
- 폭력적인 내용이나 산만한 프로그램이 나오는 프로그램은 시청하지 않는다. 종종 알쯔하이머병 환자들은 TV 속의 내용과 실제를 혼동할 수 있다.
- 환자가 안전하다는 것을 확신시켜 주고, 해를 입힐 수 있는 도구를 주위에 두지 않는다.

11) 배회
- 환자를 안전하게 보호하는 것은 간호의 중요한 부분이다. 알쯔하이머병 환자들 중

일부는 주위를 돌아다니다가 길을 잃을 수 있다.
- 환자에게 이름표나 이름이 적혀 있는 목걸이를 부착한다. 여기에는 환자의 상태와 질병에 대한 정보를 함께 적어두는 것이 좋다.
- 최근의 사진이나 동영상을 가지고 있도록 한다.
- 혼자서 밖에 나가지 못하도록 문을 잠가 둔다. 만약에 환자가 익숙한 자물쇠를 사용하고 있다면 새로운 것으로 바꾸는 것도 좋은 방법이다.
- 집 안팎에 위험한 물건은 치워둔다.

12) 가정에서의 안전
- 배회하는 경향이 있는 환자가 있다면, 집 바깥으로 통하는 창문과 문에 안전 잠금장치를 해 둔다. 그러나 화장실에 환자가 갇히는 것을 막기 위하여 화장실의 문고리는 빼 두는 것이 좋다.
- 부엌 도구가 있는 수납장이나 청소 도구, 화학물질이 들어 있는 공간은 잠금장치(어린이 보호용으로 나온 것들이 있다)를 한다.
- 약병에는 이름을 적어두고 뚜껑을 잘 닫아둔다. 칼, 성냥, 라이터 등은 손이 닿지 않는 곳으로 치워둔다.
- 환자가 넘어지는 것을 방지하기 위하여 집 안을 깨끗하게 치워 둔다. 작은 카펫 등은 미끄러져 넘어질 위험이 있다. 집안의 조명을 밝게 해 둔다.
- 부엌은 특히 위험한 공간이다. 조리 후에 가스레인지 등을 끄는 것을 잊을 수 있으므로 자동으로 꺼지는 장치가 있는 것이 좋다.

13) 운전
- 알츠하이머병에 걸리면 판단력이 떨어지므로 운전은 위험할 수 있다. 독립적으로 움직일 수 있는 능력이 떨어지는 것에 대하여 환자가 화를 낼 수 있지만, 안전이 우선되어야 한다.
- 익숙한 곳에서 길을 잃는다거나, 운전을 너무 빠르게 혹은 너무 느리게 하거나, 교통신호를 무시하거나 쉽게 흥분하고 혼란스러워 한다면 더 이상 운전을 하지 않는 것이 좋다는 신호 이다.
- 환자가 운전을 할 수 없을 것 같은 느낌에 민감하게 반응해야 하 지만, 환자가 더 이상 운전을 하지 않도록 하라. 기분이 좋을 때에도 환자는 운전을 할 수 없다는 것을 분명히 한다.
- 필요하다면 주치의와 상의한다.
- 환자가 운전을 하겠다고 고집한다면 환자에게서 차 열쇠를 보호자가 보관하도록 한다. "환자가 열쇠를 가지고 있는 것"을 원한다면, 다른 차의 키를 주도록 한다.
- 이상의 모든 노력이 실패한다면, 차를 환자가 볼 수 없는 곳으로 옮긴다.

14) 병원 방문
- 정기적인 병원 방문이 매우 중요하다.
- 하루 중 환자의 상태가 좋은 시간을 정하고, 가능하다면 환자가 많지 않은 시간에 병원을 방문하는 것이 좋다.
- 병원 방문 시간 전까지는 환자에게 미리 의사와의 약속에 대해서는 이야기하지 않는 편이 좋다.
- 병원에 음료수와 간단한 음식, 환자가 좋아하는 것들을 가지고 가는 것이 좋다.
- 병원에는 보호자 외에도 가까운 친척이나 친구와 함께 가는 것이 편하다.

15) 알츠하이머병 환자 방문하기

- 알츠하이머병 환자에게는 방문객이 매우 중요하다. 환자가 방문객을 기억하지 못하더라도 인간관계를 유지하는 것이 중요하기 때문이다.
- 하루 중 환자의 상태가 좋은 시간을 택하여 방문한다.
- 소란스럽지 않게 한다. 지나치게 큰 소리로 말하는 것은 좋지 않고, 환자를 어린애처럼 다루는 것도 좋지 않다. 환자와 적당한 거리를 유지하고 지나치게 가까이 다가가지 않는다.
- 환자와 눈을 맞추고 환자의 이름을 불러 주의를 끈 뒤에 대화한다. 환자가 알아보지 못하는 것 같으면 자신이 누구인지 먼저 소개하고 대화를 시작한다.
- 환자가 무언가를 혼동하고 있다고 해도 환자와 언쟁하는 것은 피한다.

2.3 치매 고령자의 생활과제

사람들의 생활은 정신적인 활동과 신체적인 활동 전체를 이르는 말이다. 게다가 인간 생활의 다양한 요소로 이루어져 있다. 생활구조에는 개인별 차이가 있으며, 동일한 사람의 경우에도 건강 상태, 연령, 직업, 가정 사정, 취미, 지역 등의 영향으로 변화하기도 한다.

치매 고령자는 치매라고 하는 결점(handicap)을 지니고 주어진 생활환경 속에서 어떻게든 살아가고자 최선을 다해 노력하고 있다고 생각해야 할 것이다.

2.3.1 일상생활에 영향을 미치는 장애

치매 고령자의 생활구조에는 치매로 인한 장애가 크게 영향을 미친다. 고령자가 지닌 장애는 상호 연관되어 있을 수도 있으며, 치매 고유

24) 질병관리청 국가건강정보포털-치매 (kdca.go.kr)

의 증상으로서의 정신 증상이나 문제행동(주변에 폐 끼치는 행동)을 발현시킨다.

Ⓐ 일상생활 동작 능력의 저하

일상생활을 영위함에 있어서 필요하게 되는 기본적인 동작인 식사, 배설, 목욕, 옷 갈아입기, 이동, 수면 등에 장애가 나타난다.

과보호나 와상, 무자극에 의한 폐용성(廢用性) 저하를 방지하여야 한다.

Ⓑ 신체 증상의 이변이나 변화를 자각할 수 없다.

Ⓒ 발열, 진통, 탈수, 식용부진, 변비, 설사, 실금 등

케어의 시점(視點)이 문제행동이나 정신 증상에만 집중되면 신체적 증상의 관찰이 잠깐 사이에 느슨해질 수도 있다.

Ⓓ 지적 능력의 저하

Ⓔ 커뮤니케이션의 장애

Ⓕ 인적, 물리적 환경의 영향을 받기 쉽게 된다.

또한, 사회나 가정에서의 생활을 두드러지게 곤란하게 하는 문제행동이나 정신 증상에는 다음과 같은 것이 있다.

· 배회(徘徊), 많이 움직임(多動), 외출
· 가성작업(假性作業)
· 큰소리를 냄(大聲), 기성(奇聲), 다변(多辯)
· 자살 기도, 수집벽(收集癖), 불결행위(不潔行爲)
· 이식(異食), 과식, 거식(拒食)
· 야간 섬망(夜間 譫妄)

· 불지럼, 불 정리가 되지 않음

· 불온(不穩), 흥분, 공격적 행위

· 자기 물건과 타인 물건의 구별이 되지 않음

이러한 행동은 시력 장애나 실명, 약물 부작용, 지적기능의 저하에 동반되는 스트레스 등이 요인이 되는 경우도 있다. 따라서 그 개선이나 케어 방식, 간병인의 허용정도, 그리고 ADL변화 등에 따라 개선되거나 소실되는 경우가 있다.

2.3.2 그룹 활동

치매 고령자의 생활과제를 달성시키기 위해서는 생활 속에서 꾸준한 노력이 필요하다. 따라서 치매 고령자의 지적 능력의 저하를 고려하고 심신 활동의 레벨에 맞추어 무리하지 않은 정도의 개별 활동은 물론이고 그룹 활동 프로그램이 좋다.

또, 기대하는 효과 이상으로 심신 레벨의 저하가 진행하는 경우도 많고, 고령자 개개인의 심신 변화와 표정의 움직임 등을 정확하게 캐치 할 수 있는 눈이 필요하다.

생활과제 달성을 위해 실시하는 그룹 활동의 인원수는 내용에 따라 달라지겠지만 5~15명 정도로 하여 그룹 활동을 실시하는 것이 좋다.

1) 그룹 활동의 장소

예로써 생활의 중요한 포인트로 한다면 요양시설의 제반 사정(인력문제, 다른 사업과의 경합, 직원의 의욕 등)을 해결하면 활동의 효과, 계속성, 발전성이 드러날 것이다. 치매 고령자의 요양생활에 기여하는 그룹 활동을 적절한 수준으로 전개할 수 있도록 합리적인 규모의 공간이 확보되어야 한다.

2) 그룹 활동의 의도(목표)

무엇을 위해 실시하는가에 따라 활동 방법이 바뀐다. 예를 들면, 치매 고령자의 사회관계, 대인관계 개선을 위하여, 레크레이션이나 클럽 활동 등. 또 멤버의 심신 능력 기준을 어느 수준에 두는가에 따라서도 방법이 달라진다. 예를 들면, 지적기능의 저하 정도, 배회 행동, 휠체어 사용 등.

3) 그룹 활동의 종류

(1) 운동기능에 작용시키는 것

게임: 링 던지기, 배구(풍선, 가벼운 볼 등), 구슬 넣기, 볼을 사용한 것, 볼링, 손 놀이 등

체조: 볼이나 봉, 타올 등을 이용하거나, 의자에 앉은 채로, 소리를 내어, 발이나 손을 움직이기 등

(2) 생활 체험을 살린 활동

바느질, 청소, 요리, 잡초손질, 정리(기저귀, 물수건, 신문지 등) 털실이나 실 감기, 배선 돕기

(3) 지적 자극을 얻을 수 있는 활동

음악을 듣기, 노래를 부르기, 연주, 이야기 나눔, 말 잇기 게임 등

2.3.3 생활과제

인간의 생활은 행동이나 활동의 집약이며, 이들 행위는 지각 기능, 정신 기능, 운동 기능에 의해 구성되어 있다. 이 3가지 기능 중 어느 하나가 저하하여도 상호 간에 영향을 주고받아 생활에 지장을 일으키게 된다.

치매 고령자의 경우에도 마찬가지로 이 3가지 기능의 관련성은 상당히 강하다고 여겨진다. 그러나 기능성 뇌장애라고 부르는 노인성 치매에는 정신 기능에 중점을 둔 활동이 보다 중요하다.

치매 고령자 특유의 장애를 상대로 한 생활의 과제는 생활하는 것과 생활의 내용으로 구분하여 볼 수 있다. 생활한다는 것은 치매라고 하는 병을 앓고 있으면서 어떻게 자립하여 생활 주체로서 살아가는가 하는 생활방식이 문제가 된다. 또한, 생활내용은 생활의 질이 가장 큰 문제가 된다.

이들 과제를 다음의 3가지로 정리해 볼 수 있다.

① 안정된 일상생활을 유지할 수 있도록 낯익은 친구 관계나 가족, 간병인 등과의 사회적 인간관계를 조장한다.

② 자신이 할 수 있는, 원조가 되면 할 수 있는, 누군가와 함께라면 할 수 있는 등 장애의 상황에 적합한 수준의 서비스 지원으로 자립할 수 있도록 한다.

③ 주간의 생활은 의욕을 갖고 활발하게 활동하고, 야간에는 안정된 수면 사이클이 유지될 수 있도록 생활 스케쥴과 케어의 질을 보장한다.

노인요양시설에서는 이러한 과제에 적합한 프로그램으로서 인간관계의 교류를 유도하고 있으며, 생활요법적인 실천으로서 그룹 활동과 리허빌리테이션, 생활지도 등 다양한 활동이 이루어지고 있다.

여기서 중요하게 인식해야 할 점은

① 치매 고령자의 개별성 존중, ② 치매 고령자의 정확한 능력 평가에 맞출 것(할 수 있는 것, 할 수 없는 것을 파악), ③ 즐길 것, 세 가지라 할 수 있을 것이다.

제3장

초고령 시대 고령자를 위한 생활 공간

3.1 전문화된 개별 시설로서 대응

3.1.1 특별한 물리적 환경의 부가

종래에는 사람들이 나이가 들어 쇠약해지거나 질병으로 건강을 잃게 되어 자택에서의 생활이 어려워지면 집을 떠나 요양시설이나 병원으로 이동하여 살아야 했다. 초고령 사회로의 급속한 변화와 더불어 해결하여야 과제 중의 하나는 향후 주거환경을 어떻게 이끌어 갈 것인가 하는 것이다.

고령화 시대 이전의 고령자 관련 문제에 대한 대응 방식의 사고를 향후에도 그대로 이어간다면, 그동안 생활해 오던 주택의 기본적인 물리적 환경에는 변경을 가하지 않고, 고령자의 신체적 특성에 따라 특별한 물리적 환경 갖춘 특별한 용도의 시설을 별도로 제공하는 방식으로 대응해 가게 된다.

그러나, 다른 한편에서의 생각할 수 있는 방안은 주택의 물리적 환경을 고령자는 물론, 모든 사용자들이 이용 가능하도록 변경해 가는 것이라고 생각한다. 이와 같은 방법은 지금까지 일반적으로 대응해 왔던 것이 장애인 대응의 건축적 수법이기도 하며, 고령자 대응에 있어서도 전용주택, 복지시설 및 의료시설 등에서 세부적인 시설을 마련하여 대응해 온 방법과 같은 형태이다. 그러나, 이미 예측하고 있는 바와 같이 전체 인구의 1/5~1/4정도가 65세 이상의 고령자인 초고령 사회를 생각하면, 고령자들을 특별한 이용자로 취급하는 기존의 사고방식은 좋은 해법이 될 수가 없다는 것을 알 수 있다.

무엇보다도 단순 비율로 보면, 전체 가구의 3할 정도에 고령자가 있는 실정에서, 종래에 믿어왔던 동거가족의 원조나 지원을 실질적으로 기대가 어려운 상황이 되었다. 이제는 최선을 다해 고령자들이 자립 생활을 영위할 수 있도록 사회시스템을 유지, 운영하도록 해야 할 것이다. 그러나, 장보기, 가사 등을 스스로 해결할 수 있도록 하기 위해서는 첫째로, 물리적 환경을 갖추어야 한다. 자신의 주택에서 자유롭게 돌아다니며, 외부에 자유롭게 출입할 수 있어야 자립이라 할 수 있다. 따라서 사용하기 어려운 기기나 설비, 생활하기 힘든 주택, 쉽사리 돌아다니지 못하는 도시환경은 고령자를 방치하는 것과 다르지 않다고 할 것이다.

하나의 일로 만사에 도움이 되게 할 것인지, 그렇지 않으면 종래에 대응해 왔던 것처럼 특별한 사용자를 대상으로 하여 극진히 배려하여 특별히 만들어진 주택이나 요양시설 등으로 생활 터전을 옮겨서 생활하게 할 것인가를 진지하게 고민해야 할 것이다.

그러함에도 불구하고, 그러한 특별한 주택이나 요양시설을 일반해로 적용하기에는 어려움이 있다. 왜냐하면, 이들 주택이나 요양시설에서는 설계에서부터 서비스에 이르기까지 모두 특별한 취급이 되고, 혹시라도 일어날 수도 있는 일에 대해 사전에 준비하여야 하기 때문에 막대한 예산이 투자되어야 한다.25) 따라서, 비용면에서 그 부담을 견딜 수 있는 계층은 극히 일부가 해당된다. 실제적으로 실버맨션이나 실버아파트, 케어부가형 주택 또는 유로노인홈과 같은 대응책이 아직까지는 중산층 이상의 고령자들에게 해당되는 것임은 주지의 사실이다.

25) 신흥주택지가 개발되면 초등학교부터 필요하게 되어 설치하지만, 입주로부터 10년 정도 기간이 경과하면, 초등학생 수의 감소로 초기의 큰 규모의 초등학교시설에서도 유휴공간이 발생하기도 한다.

3.1.2 실현 가능한 대책

그렇다면, 선택 가능한 방법으로는 어떤 것이 있을까? 물론, 답은 하나다. 고령자들이 그대로 지금까지 살아왔던 주택에서 보다 오래 지낼 수 있도록 하고, 재가복지서비스를 강화하는 것이다. 그러나 현재로서 우리나라의 인건비는 상당히 높고, 시간이 갈수록 지금보다 훨씬 비싸질 수밖에 없는 어려움도 있다. 만약, 서비스를 제공하는 사람이 대처하기 어려워진다면 어떻게 해서 지속적으로 살아갈 수 있게 할 것인가? 물론 가능한 한 스스로 해결하도록 할 필요가 있다. 스스로 해결한다는 것을 처음부터 무리라고 생각하지는 말아야 할 것이다. 처음부터 일상생활에 지원을 필요로 하는 고령자는 없다. 그런데 어떻게 되어 지원의 손길이 필요하게 되는가 하면, 생활 공간의 물리적 환경이 제대로 갖추어져 있지 않기 때문이다.

지금 우리 사회에 구축되어 있는 물리적 환경은 고령자가 전 인구의 5% 정도였던 시기인 1990년도, 또 평균수명 72세 정도였던 때 이전에 사회적으로 받아들여졌던 수준의 것이기도 하다. 지금은 우리 사회가 고령화 사회를 지나 고령 사회에 접어들어 많은 숫자로 늘어난 고령자들이 가령과 함께 다양한 능력이 저하해 가는 모습을 보여주고 있다고 생각해야 한다. 60대 후반을 비롯하여 70대, 80대, 90대와 같은 연령대에 속하는 고령자는 일상생활에 상당한 문제가 생기고 있다는 점을 알아야 한다.

실제로 고령자에게 현재의 주택·주거환경에 대한 부담 정도, 나아가서 그것들의 문제점 개선(리모델링)에 대한 조사 결과를 보면, 보행능력의 저하와 병행하여 주택에서의 행동거지가 급속도로 나빠져 가는 것으로 파악되고 있다. 이러한 경우, 과거에는 동거가족에 의존하여 고령자의 저하된 자립행동능력의 문제를 드러내지 않고 생활하여 왔지만, 그것이 불가능하게 되면 문제는 그대로 드러나게 된다. 결국, 고령자를 이용자로서 그다지 세심하게 고려하지 않고 있다고 할 정도로 주택·주거환경 자체가 고령자의 자립 생활을 크게 저해하고 있다고 할 수 있을 것이다. 바꾸어 말하면, 이러한 요인은 물리적 장애가 되는 요소를 제거하면 많은 고령자는 자택에서 자립 생활도 가능하게 된다는 것이다.

따라서, 고령자의 자립 생활을 위하여 고령자의 선택범위를 보다 확대하여 활동지원서비스(식사보조, 등)를 적극적으로 제공하도록 힘써야 할 것이다. 적어도 고령자에게 적절한 물리적 환경이 제공된다면, 일상생활에 도움이 필요한 비율이 줄어들거나 약간의 도움으로 그치게 되지만, 열악한 주거환경이라면 상당한 수준의 생활서비스가 필요하게 된다.

고령자에 대한 재가복지서비스가 활발한 스웨덴이나 덴마크 등의 유럽에 있어서는 상당히 허약한 고령자가 하루에 몇 차례의 방문간호사가 방문함으로써 재가생활을 계속하고 있지만, 우리나라에서는 아직까지 그러한 서비스 제공이 충분하게 이루어지지 못하고 있는 실정이다. 같은 복지서비스를 실시하더라도 주거의 물리적 환경이 좋지 못한 경우에는 훨씬 더 많은 도움의 손길이 필요해진다. 단차가 존재하는 보통 주택의 욕실에서 고령자를 케어하여 목욕을 시키고자 하면 입구의 문지방을 넘기 위해서는 적어도 두 사람이 필요하기도 한다. 그러나, 만약 욕실의 몸을 씻는 곳까지 샤워용 의자로 이동이 가능하다면 한 사람의 도움으로도 가능하게 될 것이다. 이러한 상황은 고령자의 신체적 특성을 고려하여 계획, 시공되지 않은 우리나라의 기존의 단독주택이나 공동주택의 대부분이 해당된다고 할 것이다. 고령자들의 주거환경을 개선하여 자립적인 생활이 가능하도록 하는 것이 개개인의 존엄성을 유지하게 해 주는 방법이기도 하다.

3.2 100세 시대의 고령자를 고려한 주택설계 고려

앞에서 언급한 바와 같이 자립하여 생활 가능한 주택·주거환경을 갖추려면 어떻게 하면 좋을까? 좀 더 긴 안목에서 보면, 지금부터라도 신축하는 주택은 모두 '100세 시대에 대응시켜 주세요' 하는 것이 가장 간단한 답이다. 왜냐하면, 그렇게 하는 것이 결과적으로 유리하기 때문이다.

현실에서는 노인들의 낙상사고의 63% 정도가 주택에서 일어나고 있다고 한다. 이러한 상황에서 '100세 시대 고령자를 위한 주택'이라고 말할 수 있기 위한 최저요건은 무엇일까? 지금까지의 이론적으로는 바닥면의 단차 해소와 요소 요소에 손잡이를 설치하는 것, 이 두 가지가 안전성 확보나 사용편의 측면에서 필수적이었다. 이러한 것들은 이미 공공시설 등에서는 실천하고 있으며 타당성 측면에서도 문제가 없다고 판단되었다. 이 밖에 몇 가지 요건을 축으로 하여 공공임대주택에서는 고령자를 배려한 설계들이 이루어지고 있기도 하다. 또한 일반 민간 분양주택의 경우도 친환경 건축 인증, 무장애 디자인(Barrier-free Design)[26] 등을 통하여 시설에 따라서는 고령자를 배려한 설계가 부분적으로 적용되고 있는 실정이다.

뭐라고 하여도 새로운 기준을 적용하기 이전에 건축된 기존의 독립주택, 집합주택 등이 전체 주택에서 압도적인 비율을 차지하고 있다. 독립주택이든 집합주택이든 기본적인 생각은 마찬가지이지만 구조적, 입지적인 차이를 고려하고, 특히, 독립주택의 경우에도 조적조, 철근콘크리트(RC)조, 목조, 프리패브 등에 따른 차이를 인식하여야 한다. 고령자를 위한 주택 설계 시 기본적으로는 장애인·노인·임산부 등의 편의증진 보장에 관한 법률(이하, 장애인등편의증진법)[27]의 기준을 적용하면 도움이 되겠지만, 단독주택에 대한 지침이 별도로 없는 점을 고려하여 장애인등편의증진법의 기준을 참고하여 기본적인 요건만을 정리하여 (표 3-1)과 같이 제시해 본다.

표 3-1. 고령자의 생활 전개를 배려한 주택설계 시 고려 사항

부위	항목	고려 사항
공통	평면	- 기본생활공간(침실, 화장실, 세면실, 욕실, 현관, 거실)을 같은 층에 배치한다
	출입구	- 출입구 단차를 없도록 한다. - 휠체어 동선에서는 유효폭은 900㎜ 이상으로 한다 - 문 손잡이는 레버식으로 한다
	손잡이	- 손잡이의 형상은 Ø32~38㎜로 한다. - 손잡이와 벽의 여유는 50㎜ 내외로 한다.

26) 장애인 및 노인등 사회적약자들이 편하게 살아갈 수 있게 물리적인 장애물, 심리적인 벽 등을 제거하자는 운동 및 정책을 말한다. 영문을 직역하자면 장벽(barrier)으로부터 자유롭게 하자는 의미이다. 1974년 국제연합 장애인생활환경전문가회의에서 '장벽 없는 건축 설계(barrier free design)'에 관한 보고서가 나오면서 건축학 분야에서 사용되기 시작했다. 이후 선진국을 중심으로 휠체어를 탄 고령자나 장애인들도 비장애인과 다름 없이 편하게 살 수 있게 하자는 뜻에서 주택이나 공공시설을 지을 때 문턱을 없애자는 운동을 전개하면서 세계 곳곳으로 확산되었다.

27) 장애인·노인·임산부 등의 편의증진 보장에 관한 법률, 1997년 시행

부위	항목	고려 사항
현관	현관	- 현관 바닥부분의 단차는 발생하지 않도록 하고, 주출입구와 통로의 높이차는 20㎜ 이하로 한다.
	벽	- 현관의 마루로 올라서는 측벽 부분에는 손잡이 설치가 가능하도록 한다.
	개구부	- 현관 출입구의 유효폭은 900㎜ 이상으로 한다.
복도	평면	- 휠체어 동선부의 출입구 유효폭은 900㎜ 이상으로 한다.
	벽	- 손잡이 설치의 준비를 한다.
계단	바닥	- 계단코는 30㎜ 이상으로 돌출하여서는 아니된다.
	벽	- 손잡이를 적어도 안쪽에 연속적으로 설치한다.
유틸리티	평면	- 작업효율을 고려한 기기를 배치한다.
욕실	출입구	- 세면 탈의실과 욕실 출입구 부분의 단차는 없도록 한다.
	벽	- 욕조 내에서 서고 앉기, 욕조 내에서 자세 유지, 씻는 곳에서 서고 앉기 및 욕조 출입을 위한 손잡이, 수단을 갖춘다
	바닥	- 바닥면의 기울기는 30분의 1 이하로 한다. - 욕실 및 욕조의 바닥 재료는 물에 젖어도 미끄러지지 않는 재료로 마감한다.
	개구부	- 출입구 문은 여닫이나 접이문으로 한다. - 바깥쪽에서도 열 수 있도록 한다. - 휠체어 동선부의 출입구 유효폭은 750㎜ 이상으로 한다.
	설비	- 욕조의 높이는 바닥면으로부터 400~450㎜ 정도로 한다.
화장실	평면	- 주침실 및 노인실은 동일층, 근접 배치한다. - 리모델링 또는 증축 시 변기 측면에 케어 스페이스 750㎜ 이상 확보한다.
	바닥	- 바닥은 평탄하게 하고, 출입구나 다른 실과의 단차가 발생하지 않도록 한다.
	벽	- 일어서기, 이동, 안전 행위를 보완하는 손잡이를 설치한다.
	개구부	- 창호는 여닫이문 또는 밖여닫이문으로 한다. - 바깥쪽에서도 문을 열 수 있도록 한다. - 휠체어 동선부의 출입구 유효폭은 900㎜ 이상으로 한다.
	난방	- 난방설비를 한다.
	설비	- 대변기의 좌대 높이는 400~450㎜ 정도로 한다.
부엌	설비	- 수도꼭지는 조작하기 쉽고, 온도조절이 쉽도록 한다.
침실	개구부	- 휠체어 동선상의 유효개구부 폭은 900㎜ 이상으로 한다.
외부접근로	접근로	- 접근로의 유효폭은 1.2m 이상, 기울기는 18분의 1 이하로 한다.
	출입구	- 주출입구와 통로 부분의 높이 차이는 20㎜ 이하로 한다

* 단차가 없다는 것은 설계치수로 3㎜ 이하를 나타내지만, 면처리 하는 것이 바람직하다.

그러나, 이미 지어진 주택에 살고 있거나 살아가야 하는 경우는 어떻게 하면 좋을까? 형편이 맞지 않으면 새로 짓는 것이 젊은 세대들의 방식일지 몰라도 고령자의 경우는 그렇지 않다. 기본적으로는 증·개축으로 대응하게 될 것이다.

그러나, 반드시 증·개축을 위한 모든 일이 순조롭게 진행되지는 않는다. 큰 어려움 중의 하나로 설계자, 건설회사가 함께 경험이 풍부하지 않은 경우에는 능숙하게 증·개축하는 것이 곤란하며, 또 하나의 문제는 본래 거주자가 증·개축하는 것을 당초에는 생각하지도 않았다던가 혹은 경제적인 측면에서 단념하는 것이 빈번하게 일어나기도 한다.

전자(前者)의 문제는 경험을 쌓아가면 이해되겠지만, 그것도 하나로만 되는 것이 아니다. 리모델링을 위한 기술적 내용이 불충분하다든가, 현실과 괴리가 있다든가 또는 생활내용에 관계되는 기술이 부족하면 비판을 면하기 어렵다. 특히, 설계자가 스스로 노력을 포기한 형태로 실행한다면 고령화에 대응하여 리모델링이 불가능할 정도로 설계자가 고민하지 않는다고 여겨질 수도 있다. 따라서 고령자나 장애인을 주택의 이용자로 보지 않거나 일반 주생활과의 괴리가 설계자한테 있는 한 고령자 대응은 용이하지 않다.

다른 한편에서, 경제적인 판단에서 주택의 리모델링을 적극적으로 생각하지 않는 고령자나 가족을 설득하는 것도 쉬운 문제는 아니다. 축적된 경험이 있다고 하더라도 그것은 병이 났을 때를 대비한 준비이고, 간단하게는 손을 댈 수 없는 일이다. 연금으로 생활하는 사람은 필수적인 것이 아닌 돈은 1원도 사용하고 싶지 않은 것이 사실이고, 어디까지 도움이 될지 알지 못하는 리모델링을 결단할 수 있는 사람은 많지 않다. 특히, 지출여부 판단의 결정권이 고령자가 아니라 동거 가족에게 있는 경우에는 투자의 효과가 어디까지인지 불투명한 점도 있어서 결단이 쉬운 문제가 아닐 수 있다. 그런데, 기존에 오랫동안 살아온 주택이 지나치게 노후되었거나 단차가 심하여 노인성 질환이나 장애를 지닌 고령자가 생활하기 어려운 환경인 경우에는 주거환경을 개선하지 않으면 그곳에서 계속하여 생활하는 것은 차츰 불가능하게 된다.

따라서, 고령자들이 지역사회 내에서 사회적 관계를 유지하며 계속하여 살아갈 수 있도록(aging in place) 하기 위해서는 장애조건을 지닌 고령자들이 생활하기 좋은 적절한 수준의 공간환경으로 개선이 필요하다. 기존 주택의 노후 정도가 심하거나 단차가 크거나, 또는 설비가 부족한 환경조건 등을 가진 부분을 손질하지 않으면 그곳에 계속하여 살 수 없게 되고, 결국에는 노인요양시설에 입소하게 되며, 연간 상당한 금액의 비용이 들게 된다.

그러나, 주택을 적절하게 리모델링하게 되면, 아마도 그 후 수년은 자택에 머무를 수 있게 된다. 계산해보면, 리모델링 하는 쪽이 경제적이고, 무엇보다도 만족감이 향상되며, 주거공간이 지속 가능한 생활공간으로 바뀌게 된다. 이와 같은 문제를 일거에 해결하기는 지극히 어려운 문제이나 가장 효과적인 방법으로는 지자체에서 초고령화 사회에 대비한 생활환경의 패러다임을 전환시키기 위한 고령자 주택 리모델링을 실시하는 것이며, 한편에서는 기본적으로 소득 제한과 비용 상한 등을 정하여 적극적으로 지원할 필요가 있다.

3.3 주거정책과 복지정책의 연계 강화

초고령화에 따른 문제를 해결해 가는데 있어서 지극히 중요한 것은 물리적 환경의 정비와 복지서비스를 같은 틀 속에서 생각하여야 한다는 것이다. 과거에는 주택공급과 복지서비스가 완전히 별개로 취급되어 각각 개별적으로 행하여져 왔다. 지금도 많은 지자체에서는 주택정책과 복지정책은 별개이며, 관계가 미약한 수준에서 이루어지고 있는 것이 현실이다.

우리나라의 경우, 국토교통부에서 고령자복지주택[28]을 공급하고자 주택의 저층부에 복지관을 설치하여 주거와 복지서비스를 함께 제공하는 공공임대주택에서 고령자들이 주거지 내에서 편리하게 복지서비스를 이용할 수 있도록 공공임대주택 1개 동을 1~2층에는 복지관, 3층 이상은 주거시설로서 복합건축으로 개념을 설정하여 시행하고 있다.

구체적 특징으로서는 주택은 문턱 제거, 높낮이 조절 세면대 등 고령자 편의 설계를 시행하고 있다. 공급 대상은 65세 이상 저소득(수급자 등) 고령자에게 공급하되 국가유공자, 독거노인에게 우선 공급한다. 저층부에 복지관을 설치, 건강관리·생활지원·문화활동 등 프로그램 운영한다. 고령자복지주택과 연계하여 설치되는 고령자복지시설은 입주민뿐만 아니라 지역주민도 함께 이용할 수 있는 시설로 조성되고 있다.

28) 국토교통부, 2019 주택업무편람. p.226 참조하여 재정리

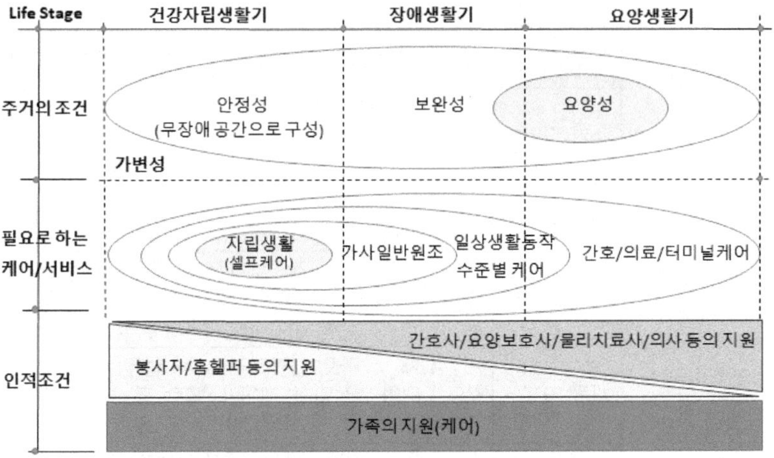

그림 3-1. 고령자의 일상생활을 유지하기 위한 기본적 조건

고령자가 일상생활을 유지하기 위해서는 라이프스테이지별(건강자립생활기-장애생활기-요양생활기) 필요로 하는 케어 또는 서비스를 제공받아야 한다. 이 또한 가족을 기본으로 하는 간호사나 요양보호사 등의 인적 지원이 적절하게 이루어져야 하기 때문에 주거정책에서부터 복지정책에 이르기까지, 더 나아가 고령자 의료정책까지 연관시켜 복합적으로 고려하여야 한다.

우리나라에서 기존에 오랫동안 사용해 온 주택은 인구의 고령화에 대비한 무장애 공간 구현을 전제로 하여 계획, 설계, 시공되지 못한 주택이 대부분이라 할 수 있다. 따라서 인구의 초고령화와 더불어 국토교통부에서는 주거약자들을 위한 주거와 복지를 통합 제공할 수 있는 정책을 꾸준히 추진하고 있다. 고령자복지주택은 고령자 주거복지를 위해 임대주택과 돌봄을 함께 제공하는 공공임대주택이며, 2021년 현재 2,260호를 공급 완료하였고, 2025년까지 1만 호를 공급할 계획이다.[29)]

표 3-2. 10대 우수 지자체 선정 결과(일부)

그룹	지자체명	결과	주요 우수사례
가 그룹 (인구 50만 이상)	경기 고양시	1위	주거복지센터 운영(직영), 지역사회보장협의체 주거분과 시설, 주거생활 가이드북, 정책토론회, 각종 신규사업 운영 등
	대구 달서구	2위	하우스케어·법률 홈닥터 등 민간자원과 연계한 신규사업, 달서 주거복지 아카데미·포럼 운영 등
나 그룹 (인구 20만 이상, 50만 미만)	광주 북구	1위	주거복지 전담부서 신설, 공공임대 활성화 프로젝트(민간협력 주거통합솔루션, 주거기반 돌봄지원, 주민공동체 활성화) 등
	서울 마포구	2위	마포 징검다리 주택사업(임시거소, 매임-건설임대, 케어안심주택 등), 주거안정자금 융자 및 지원 등
다 그룹 (인구 20만 미만)	부산 영도구	1위	신박한 집정리, 영도 HOPE 주택 사업, 일사천리 봉사단, 불량건축물 정비사업, 케어안심주택 등
	전북 완주군	2위	대규모 공공임대주택 공급(상봉 힐링시티, 마을정비형 공공주택, 청년 쉐어하우스 등), 아파트 르네상스 사업 등

한편, 국토교통부는 국민 주거여건 향상에 기여한 10대 우수 지자체를 선정[30)]하여 지역 실정에 맞는 정책 공유과 확산을 유도하기 위한 시책을 펼치고 있지만 고령자에 국한된 것만은 아니다. 약 100개의 기초지자체가 참여하여 ① 주거복지센터 설치 및 민간과의 협력을 통한 전달체계 강화, ② 지역 여건을 고려한 신규 돌봄지원사업 및 서비스 확대 등이 대표적이인 우수 사례로 선정되었으며, 지자체의 우수사례는 다음 연도 정책 마련에 적극 반영해 나갈 계획이다.

29) 국토교통부 데이터 통합 채널 (molit.go.kr), 2021.12.30. 기준, 고령자 복지주택 · 마을정비형 공공주택으로 맞춤형 주거복지와 지역사회 함께 가꾼다.

30) 보도자료 (molit.go.kr), 2022년 대한민국 주거복지대전 10대 우수 지자체 선정 결과 참조

보건복지부 통계에 따르면 2022년 기준 노인복지주택은 8,840명이 생활할 수 있는 수준에 불과하다. 특히, 양로시설과 노인공동생활가정의 수와 정원규모가 줄어든 것에 주목할 필요가 있다. 고령자의 신체적 조건과 경제적 수준 등이 다양하다는 점을 고려해서 고령자 개개인의 생활권을 벗어나지 않는 범위 내에서 생활을 지속해 갈 수 있도록 노인주거복지시설을 강화할 필요가 있다.

표 3-3. 노인복지시설 현황[31)]

시설별	2022		2021	
	시설수(개소)	입소정원(명)	시설수(개소)	입소정원(명)
양로시설	180	9752	192	9,962
노인공동생활가정	89	763	107	930
노인복지주택	39	8840	38	8,491
소계	잘못된 계산식	잘못된 계산식	잘못된 계산식	잘못된 계산식

한편, 보건복지부는 2023년 8월 17일 '제3차 장기요양기본계획'(2023~2027)을 발표했다. 장기요양보험 수급자가 2022년 말 102만 명에서 오는 2027년 145만 명까지 늘어날 것으로 보고 제도를 강화하기로 하였다. 돌봄의 필요도가 높아 장기요양보험 1·2등급을 받은 고령자는 시설에 입소하지 않고 집에서 생활을 영위할 때 받게 되는 재가급여를 시설 급여 수준으로 2027년까지 단계적으로 인상하는 정책이 시행될 것이다. 더불어 노인복지주택 또는 케어부가형 고령자 주택과 같은 복지주택사업 분야에 민간의 적극적인 참여를 유도하여 다양한 고령자의 니즈에 부응하는 생활공간을 적극적으로 제공할 수 있도록

31) 복지부 통계기준, 2023 노인복지설 현황 참조

하여야 할 것이다.

3.3.1 노인주거복지시설의 종류

고령자의 주택 조건이 그다지 좋지 못한 우리나라의 경우에도 입소시설로서 양로시설이나 노인공동생활가정 및 노인복지주택은 당연히 중요하다. 근래에는 재택서비스가 증가하였다고 하더라도 전문적으로 고도의 서비스를 필요로 하거나 자택에서 서비스를 제공하기 어려운 니즈도 늘어나고 있어서 양질의 노인주거시설이 필요하다.

양로시설에서부터 노인복지주택은 입소 고령자들이 장기간에 걸쳐 생활한다는 특성을 고려하면, 가령에 따른 신체적 조건의 변화에 충실하게 대응하기에는 다소 제한적이다.

표 3-4. 노인주거복지시설별 침실의 설비 기준[32)]

구분	양로시설	노인공동생활가정	노인복지주택
침실	(1)독신용·합숙용·동거용 침실을 둘 수 있다. (2)남녀공용인 시설의 경우에는 합숙용 침실을 남실 및 여실로 각각 구분하여야 한다. (3)입소자 1명당 침실면적은 5.0㎡ 이상이어야 한다. (4)합숙용침실 1실의 정원은 4명 이하이어야 한다. (5)합숙용침실에는 입소자의 생활용품을 각자 별도로 보관할 수 있는 보관시설을 설치하여야 한다. (6)채광·조명 및 방습설비를 갖추어야 한다.	(1)독신용·동거용·합숙용 침실을 둘 수 있다. (2)남녀공용인 시설의 경우에는 합숙용 침실을 남실 및 여실로 각각 구분하여야 한다. (3)입소자 1명당 침실면적은 5.0㎡ 이상이어야 한다. (4)합숙용침실 1실의 정원은 4명 이하이어야 한다. (5)합숙용침실에는 입소자의 생활용품을 각자 별도로 보관할 수 있는 보관시설을 설치하여야 한다.	(1)독신용·동거용 침실의 면적은 20㎡ 이상이어야 한다. (2)취사할 수 있는 설비를 갖추어야 한다. (3)목욕실, 화장실 등 입소자의 생활편의를 위한 설비를 갖추어야 한다. (4)채광·조명 및 방습설비를 갖추어야 한다.

또한, 건축적 환경조건의 수준이 높지 못한 것도 문제이며, 일반적으로 오랫동안 개성있게 살아온 이웃이나 친구와의 사회적 관계의 유지, 1인당 5.0㎡인 양로시설과 노인공동생활가정의 침실 면적의 개선 등이 적극적으로 이루어져야 할 것이다. 더욱이 질적인 측면에서는 생활수준의 향상으로 고려한 개실화(個室化, 1인실화)가 요구되고 있다 (표 3-4 참조).

3.3.2 노인주거복지시설 입소 대상

1) 양로시설과 노인공동생활가정의 입소 대상 및 시설 규모

(1) 입소대상 : 양로시설과 노인공동생활가정 입소 대상은 무료, 실비, 유료 입소 대상자로 구분하고 있다.

(2) 양로시설과 노인공동생활가정의 시설 규모

- 양로시설 : 입소정원 10명 이상(입소정원 1명당 연면적 15.9㎡ 이상의 공간을 확보하여야 한다)
- 노인공동생활가정 : 입소정원 5명 이상 9명 이하(입소정원 1명당 연면적 15.9㎡ 이상의 공간을 확보하여야 한다)

2) 노인복지주택의 입소대상 및 시설 규모

- 입소대상 : 단독취사 등 독립된 주거생활을 하는 데 지장이 없는 60세 이상의 자
- 시설 규모 : 30세대 이상

---

32) 노인복지법시행규칙 별표2 참조

표 3-5. 양로시설, 노인공동생활가정 입소 대상

구분	양로시설	노인공동생활가정
무료 입소 대상자	- 기초생활보장수급자(생계급여 또는 의료급여)로서 일상생활에 지장이 없는 65세 이상의 자 - 부양의무자로부터 적절한 부양을 받지 못하는 자로서 일상생활에 지장이 없는 65세 이상의 자 ※ 노인보호전문기관에서 학대피해 노인으로 입소 의뢰를 받은 노인 및 긴급조치 대상자 등	
실비 입소 대상자	- 대상자의 당해연도 월 평균소득액*이 도시근로자 1인당 월 평균소득액** 이하인 자로서 일상생활에 지장이 없는 65세 이상의 자 * 월 평균소득액 : 본인과 그 배우자 및 생계를 같이 하는 부양의무자의 월 소득 합산액을 가구원수로 나눈 소득액	
유료 입소 대상자	- 입소자로부터 입소비용의 전부를 수납하여 운영하는 양로시설 또는 노인공동생활가정의 경우는 60세 이상의 자	

3) 양로시설 / 노인공동생활가정 입소절차(무료 입소 대상자)

- 해당 시·군·구에 입소신청서 제출(입소신청사유서 및 관련 증빙자료 첨부, 신청서 접수는 읍·면·동사무소에서 접수 가능)→입소여부와 입소시설 결정→시·군·구는 신청인 및 당해 시설장에게 통보

※ 노인보호전문기관에서 학대피해노인으로서 입소를 의뢰한 노인은 선입소조치 후, 10일 이내 증빙서류(건강진단서, 학대사례판정서 등)를 제출하도록 함

※ 노인주거복지시설(양로시설, 노인공동생활가정)의 장은 시설 입소자의 적정한 보호를 위해 장기요양 시설등급판정자(주로 거동이 불편한 1등급, 2등급)는 노인의료복지시설을 이용토록 안내한다.

3.4 주변 생활공간의 무장애 공간 실현을 목표

주택 이외의 공공시설 및 공공공간에 대해서는 어떻게 하면 좋을까? 이것도 신축하는 건축물에만 적용한다면 문제를 온전하게 해결하기는 어렵고, 기존 건축물도 리모델링 해나가야 할 필요가 있다. 이러한 고령화 대응 생활공간의 개선은 기존의 장애인 대응 베리어프리디자인으로 대부분 무장애 공간을 조성하는데 어느 정도 대응할 수 있다.

우리나라의 경우, 장애인등편의법은 장애인·노인·임산부 등이 일상생활에서 안전하고 편리하게 시설과 설비를 이용하고 정보에 접근할 수 있도록 보장함으로써 이들의 사회 활동 참여와 복지 증진에 이바지함을 목적으로 하고 있다.

다만, 좀 더 신경을 써야 하는 것은 기존의 규정 등에서는 접근권을 확보하도록 휠체어 대응에 요건이 치우쳐 있지만, 고령자의 경우는 경사로가 만능은 아니라는 것, 계단이라도 손잡이가 필요하다는 것, 시각·청각장애에 대한 배려가 동시에 필요한 점 등을 잊지 말아야 한다. 특히, 종래에는 어떤 의미에서 암묵적으로 이해하는 상태에서 무시되어왔던 비상시의 안전성 확보에 대한 문제가 중요하다는 것을 알아야 할 것이다.

고령자들의 시장보기에서부터 간단한 일 처리를 위한 외출에 이르기까지 다양한 수준의 장애가 있는 고령자들이 일상생활을 전개하면서 살아가는데 외부 생활공간인 지역사회의 공공공간이 쾌적한 조건은 되지 못하고 있음을 잘 알 것이다. 보행통로, 주차장, 각종 공공시설의 출입구 등에 이르기까지 신경을 쓰는 것이 쉽지 않은 일이지만, 많은 고령자를 비롯한 장애인들은 이러한 것에서 상당한 문제를 안고 생활하고 있다.

장애인 종합복지관 외부의 무장애 공간화

문화시설 외부의 무장애 공간화

그림 3-2. 도시공간의 무장애 공간화

물론, 신체적 능력이 저하된 고령자가 모든 일을 자신이 전부 처리할 수 있다는 것은 누구도 생각하지 않는다. 일상생활을 영위함에 있어서 자립하고 있다고 하더라도 객관적으로 보면 도움을 받는 것이 유리한 경우가 많다.

예를 들자면, 요리하는 것이 큰 즐거움인 사람에게는 장보기와 조리는 식사까지의 필요 불가결한 프로세스이지만, 다른 취미를 가진 사람에게 식사는 귀찮은 일일 수도 있을 것이다. 그러한 필수적이지 않은 일을 위하여 시간을 들이는 것은 피하고 싶은 일이며, 다른 사람에게 도움을 받는 것이 꼭 나쁜 일만은 아니고, 자립적이지 않다고 말하지는 못할 것이다.

나아가, 인간에게 있어서 도시의 매력은 자기실현을 위한 무대·장·기회를 어느 정도 발견할 수 있는가 하는 데 있다고 할 것이다. 따라서 초고령 사회에도 활기찬 도시를 만들기 위해서는 라이프스타일별 이용이 탄력적인 개별 시설의 단순한 정비보다도 상호교류가 가능한 복합적인 공간 창출이 요구된다.

도시공간은 다양한 연령계층과의 사회적 관계를 유지할 수 있도록 매개공간이 확보되어야 할 것이며, 고령화·장애 등 다양한 신체적 조건 변화에도 대응할 수 있는 유니버설 디자인의 도시공간이 필요하다. 그러기 위해서는 고령 친화적 교통 인프라 구축을 통하여 신체적 조건의 변화에도 이동과 접근이 보장되는 무장애 도시 공간을 구성하여야 할 것이며, 세대간의 차이 극복과 교류 촉진을 위해서는 유비쿼터스(ubiquitous)의 정보기술을 적극 활용할 필요가 있다. 또한, 다양한 고령자의 속성·요구에 대응 가능한 다양한 수준의 주거·보건·복지·의료시설이 제공되어야 하고, 기존의 커뮤니티 내에서 지속적으로 살아갈 수 있도록 주거에서 복지, 보건 및 의료에 이르기까지의 통합적 서비스 체계 구축과 실현이 필요하다.

이를 위해서는 도시의 활력 제고와 살고 싶은 도시 공간 실현 및 보편적 주거복지 실현을 고령자 친화적인 사회복지실현과 연계하여 그 효율성을 더욱 높여야 할 것이다.

제4장

치매 고령자를 위한 노인요양시설 계획

4.1 치매 고령자의 노인요양시설 입소

4.1.1 고령자에게 있어서의 입소가 갖는 의미

고령자 개개인에게 있어서 '노인요양시설 입소'라는 것은 그 이전까지 오랫동안 친숙하게 지내 온 생활거점(자택을 중심으로 한 물리적 환경, 가족, 친구 등 사회적 관계 등)으로부터 떨어져 전혀 다른 새로운 환경으로의 전환을 의미한다.

그러나, 노인요양시설의 직원에게 있어서는 새로운 고령자가 노인요양시설에 입소하는 것은 일상적인 일이기 때문에 가끔 그 중대함을 놓쳐버릴 수도 있다.

또한, 노인요양시설 입소 이전에 인지하고 있는 고령자 개인별로 습득한 기본적인 정보를 바탕으로 노인요양시설에 대한 평가 기준으로부터 긍정적 평가를 할 수도 있지만, 그렇지 않은 상태에서 부득이한 사정으로 입소하게 되는 경우도 있을 수 있다. 많은 사례에서 고령자의 신체적 조건만으로 입소하는 경우도 있지만, 경우에 따라서는 주택의 물리적 조건의 미흡, 가족으로부터의 케어 불가능 등 사회적 조건이 중요한 사유가 되기도 한다.

한편, 고령자가 환경의 변화에 대한 적응력이 약하다는 것은 알려진 바와 같다. 고령자는 단순히 물리적으로 나이가 들어 체력이나 신체적 기능이 약해져 있을 뿐만 아니라 심리·사회적으로 다양한 영향을 받기도 한다. 무엇보다도 새로운 환경에 대한 적응력이 낮다는 것에 주목할 필요가 있다.

고령자들에게 배우자의 죽음이나 입원, 이사, 입소 등과 같은 생활환경의 변화는 와상이나 치매의 계기가 되기도 한다는 것이 보고되고 있으며, 또 이따금 경험할 수 있는 일이기도 하다.

이러한 고령자의 환경 적응력의 저하나 그것을 뒷받침하기 위한 고령자 케어를 생각함에 있어서도 요양시설 입소 시점부터 중요시해야 한다는 것을 의미한다.

4.1.2 부적응 증후군

자택에서 가족들과 오랫동안 생활해 오던 고령자가 노인요양시설 입소 직후 나타내는 특징으로 가끔 볼 수 있는 현상은 새로운 시설환경 속에서 행동 목표를 잃어버리고 많은 시간 동안 침대 위에서 무위(無爲) 상태로 지내는 모습을 보이기도 한다. 이 상태를 방치하면, 이와같은 불활동 상태가 곧바로 신체적 기능을 저하시키게 되어 와상(臥床)을 조장해버릴 가능성이 있다. 때로는 명확하게 치매 증상이 나타나거나, 또는 악화하여 어떤 경우에는 정신적인 활동을 완전히 잃어 무감동한 상태가 되기도 하고, 다른 경우에는 소재식 장애를 나타내며 시간, 장소, 자기 자신이 놓여져 있는 상황을 알아차리지 못하는 상황까지도 갈 수도 있다.

이와 같은 노인요양시설 입소 시의 변화로 모든 새로운 환경에 대한 부적응이 초래한 것을 '부적응 증후군[33)]'이라 한다. 치매로 인하여 입소하는 고령자의 경우 익숙하였던 자택과 전혀 다른 생활환경에 놓여지면서 이러한 부적응 현상은 좀더 심하게 나타날 수도 있다. 따라서, 고령자 케어 스킬은 우선 노인요양시설 입소 시의 이러한 부적응을 줄이고 조기에 극복시켜 하루라도 빨리 새로운 요양시설의 거주환경에

33) 竹内孝仁·川村耕造, 施設のケアスキル, 中央法規, 1993, p.112

적응할 수 있도록 맞추어져야 한다.

4.1.3 노인요양시설에서의 요양생활과 QOL

노인요양시설에 있어서 입소 고령자 케어의 핵심은 두말할 것도 없이 QOL이 높은 생활의 획득이라 할 수 있다. QOL에 대해, 예를들어 의료분야에서 자주 취급되는 '암말기환자의 QOL'이라고 하는 경우에 그 의미는 한정된 생명의 시간 속에서 정신적으로 평온함이 있는, 가족이나 친구, 동료와의 원만한 생활(관계)를 유지하는 것이다. 다시 말하면, 정신적으로나 사회적으로 가능한 한 보다 나은 상태로 표현할 수 있을 것이다. 결국, 이 경우에 신체적 조건이 어떤 상태이더라도 정신적·사회적으로, 결국은 전체적으로 보아 더 좋은 것, 이것이 QOL의 본질이라고 할 수 있다.

특히, 노인요양시설에 있어서 와상 고령자나 치매 고령자의 요양생활과 그 처우를 생각하는 기본도 이러한 시점(視點)이 기본이 된다. 나아가 고령자에 있어서 신체적 상황이란 질병의 유무나 그 상태뿐만 아니라 신체를 통해 만들어내는 활동성으로 치환할 수 있다. 결국, 입소 고령자의 QOL은 보다 높은 신체적 활동성, 정신적으로 좀 더 평온한 생활, 다른 사람과의 사회적 관계에 있어서 보다 좋은 상태를 유지하는 것이다.

4.2 치매 고령자의 생활 케어와 노인요양시설의 환경

4.2.1 새로운 환경에 순조로운 적응을 위한 케어 스킬

1) 자택과 다른 새로운 환경에 적응을 위한 오리엔테이션

새로운 환경에 대한 부적응은 새로운 생활공간이 개개인의 고령자에게 있어서 모르는 곳이라는 것에 원인이 있다. 우선, 먼저 이 요양시설이 어떠한 곳이며, 치매 고령자의 생활이 어떻게 되는지를 충분하게 설명할 필요가 있다.

이때, 노인요양시설은 '고령자의 생활의 장(場)'이라는 일반적인 이해는 그다지 도움이 되지 못하기도 한다. 자택으로부터 새로운 노인요양시설로 생활거점을 옮겨 입소한 고령자에게 있어서는 '여기서 자신의 생활이 어떻게 되는가'하는 것이 최대 관심사이기 때문이다. 이 관심사에 대해 구체적으로 대응하지 못하면 불안을 느끼게 하고, 오히려 그것이 증대해가는 결과를 초래하게 된다.

오리엔테이션의 핵심은 '이곳이 새로운 생활의 장'이라는 것과 '다른 고령자가 안락하고 즐겁게 매일매일을 지내고 있다'는 점 등을 구체적으로 그 생활이 이미지로 형성되도록 설명하여야 한다. 따라서 새롭게 입소하는 고령자에게 노인요양시설은 자택이 아니라 집과 같은 분위기의 공간에서 머무르며 요양할 수 있는 재택이라 할 수 있다.

2) 개인별 생활 이력에 대한 상세한 청취

노인요양시설 입소 생활에 대한 오리엔테이션과 동시에 행하여야 하는 것은 입소 고령자에 대한 입소 이전의 생활 이력을 가능한 한 상세하게 청취하는 것이다. 이 경우에 중요한 것은 본인에게 직접 듣는 것을 기본으로 하고, 동시에 가족에 그것을 보완하는 정보를 얻도록 한다. 본인과 가족 또는 관계자가 동석한 형태로 진행하는 것이 좋다.

생활 이력의 상세를 청취하는 것에는 두 가지 의미가 있다. 그 하나는, 생활 이력 속에 들어 있는 고령자 자신의 가치관, 자기의식, 성격, 취미, 기타 총체적으로 말하자면 개성(personality), 그 사람의 사람됨됨이를 앎으로써 노인요양시설 입소 후의 케어 수단을 강구하는데 있다. 또 하나는, 생활 이력에 대한 청취라고 하는 구체적 행위가 고령자에게 있어서의 의미이다. 유년 시절, 학창 시절, 직장생활이나 가정생활 등의 생활상황이나 많은 에피소드를 전달하고 그것에 귀 기울이는 사람이 있다는 것을 알게 되면 고령자 자신에게 있어서'좋은 이해자'가 있다는 것을 알게 된다.

오랫동안 생활해 왔던 친숙해진 자택으로부터 새로운 노인요양시설로 생활거점을 옮겨와서 많든 적든 간에 불안에 싸인 고령자 입장에서는 자신을 아는 사람이 존재한다는 것은 안심감을 줄 수도 있다.

3) 다른 입소 고령자의 소개

환경은 개인을 둘러싼 사람과 물체로 크게 구별된다. 환경에 대한 부적응이란 모르는 사람들 속에서 자신의 관계를 순조롭게 형성하지 못하는 데서 시작된다고 할 수 있다. 특히, 고립적으로 지내기 쉬운 고령자에게 있어서는 적극적으로 다른 사람들 속에 들어가 관계를 형성하는 일은 적다. 현재도 많든 적든 간에 생각하기 쉬운 '시설=노인들을 한 곳에 모아둔다'는 의식이 있으면, 이 경향은 한층 더 두드러지게 된다.

부적응을 파생시키지 않기 위한 지원으로 먼저 노인요양시설에 입소해 있는 다른 고령자를 소개하고, 인간관계의 수단을 만들어가는 것이 중요하다. 말할 것도 없이 이때에는 양자의 공통분모가 유력한 매개가 된다. 출신 지역, 학교나 직업, 취미 등의 공통점이다. 이러한 것은 개인별 생활 이력 속에서 자연스럽게 도출할 수 있을 것이다.

4) 관계 직원의 소개

새롭게 입소한 고령자의 케어에 직접 관계하는 직원은 말할 것도 없고, 급식, 기타 간접적으로 관계하는 모든 직원은 각각의 역할과 함께 소개하는 것이 좋다.

5) 건축물, 설비 및 시설 주변에 대한 오리엔테이션

생활환경을 형성하는 것으로서 이것의 오리엔테이션을 충분하게 해준다. 일반적으로는 침실, 식당, 공동거실, 화장실, 공동욕실, 물리치료실, 등 소위 요양 생활을 하면서 ADL에 직접 관계되는 장소의 오리엔테이션 중심으로 이루어지는 경우가 많기 때문에 요양시설의 각 실 및 공간 구성상의 제반 특징 등에 대해 설명하여 알게 한다.

또한, 입소 고령자에게 있어서 시설에 갖추어진 제반 설비는 개개인들의 요양 생활에 보다 쾌적한 환경 형성에 중요한 기능을 하므로 안전하게 이용할 수 있도록 주지시키고, 관리하여야 한다.

나아가 입소 고령자를 위하여 조성한 외부공간이나 시설들은 다양한 요양 생활을 유도하는데 중요한 의미가 있다. 이점을 고려하여 시설의 전체상이나 정원, 시설 주변의 모습 등을 알게 하면 시설의 새로운 환경 적응에 훨씬 좋게 할 수 있다.

4.2.2 신체적 활동성의 유지·향상을 위한 케어 스킬

1) 이상(離床) 생활이 케어의 기본

입소 고령자들이 요양 생활에 있어서 질 높은 생활을 유지하기 위해서는 가급적 이상(離床), 즉 침대(bed)로부터 떨어져 생활행위를 전개하도록 노력해야 한다. 마찬가지로 케어에 있어서도 이것을 기본으로 삼아야 할 것이다.

일반적으로, 노인요양시설에 있어서 고령자는 생활시간의 대부분을 침대 위에서 지내기 쉽다. 이것은 고령자 개개인에게 있어서 대부분 침대만이 자신이 전용적(專用的)으로 사용할 수 있는 공간이기도 하며, 심리적으로 고립되기 쉽고, 신체적으로 활발한 활동으로부터 멀어지기 쉽다.

한편, 케어하는 측면에서는 식사, 배설 등의 케어나 건강관리 등, 예를 들어 고령자가 침대에 제한된 생활을 한다고 하더라도 케어를 실시하는 것이 불가능한 것은 아니라서 가끔씩 그러한 상태에 대해 문제의식을 갖지 못하는 경우도 있다.

그러나. 생활에는 본래 각 행위마다 최소 필요 크기보다 이상적인 크기의 공간이 있다. 그 넓이의 크고 작은 정도에 따라 생활의 질이 좌우될 가능성 또한 매우 높다. 따라서 다른 사람과의 교류나 자연과의 접촉 등은 대부분이 이 생활공간의 넓이에 영향을 받게 된다.

노인요양시설은 입소 고령자들의 장기간에 걸쳐 생활하는 공간이라는 측면에서 보면, 그 곳에서의 생활의 기본은 '확산되는 생활의 실천'이 이루어져야 할 것이며, 요양생활에서 이것을 이룰 수 있도록 입소 고령자들의 이상(離床)을 촉진하는 것에서 부터 출발하여야 할 것이다.

2) 이상(離床)을 중심으로 한 생활 스케쥴

케어 스탭의 입장에서 보면, 와상 노인의 경우 침대 위에서 지내는 시간이 많은 것을 당연한 것으로 생각하기 쉽다. 그러나 입소 고령자 개개인의 QOL을 생각할 때, 이러한 사고방식은 바꾸어야 할 필요가 있다. 예들 들면, 이동에 완전 케어를 필요로 하는 고령자라고 하더라도 휠체어를 사용하면 이상(離床)이 가능한 경우도 있다는 것을 알아둘 필요가 있다. 체력이 약한 와상상태의 고령자는 식사 등을 제외하면 비교적 긴 시간의 이상(離床)은 불가능하다고 생각하기 쉽다. 이에 더하여 노인병원이나 노인요양시설에서는 기상, 소등, 식사, 그 밖의 생활 프로그램의 기본이 정해져 있다. 입소 고령자들은 그것에 따라 하루하루를 지내도록 하고 있다. 따라서 개개인은 이러한 생활 프로그램의 흐름에 영향을 크게 받기 때문에 입소자 개개인의 생활을 어떻게 구성할까 하는 생각은 자칫하면 잃어버리기 쉽다.

필요한 것은 입소 고령자의 생활이라고 하는 시점에서 생활 프로그램, 즉 하루의 생활 방법을 생각해 가는 것이다. 주간보호센터(day care center) 등에서는 이용자의 어떤 하루의 '프로그램'- 지내는 방법이 고려되어 있지만, 이와 같은 발상이 노인요양시설에도 필요하다. 그것이 생활을 중심으로 한 케어라고 하는 것이다.

무엇보다도, 노인요양시설에서 주간에는 원칙적으로 침대에서 떨어져 지내도록 하는 것을 생활 프로그램의 기본으로 삼아야 한다. 식사는 침대를 벗어난 곳에서 하도록 하고, 취침과 주간에 일시적인 휴식의 장으로 하여야 한다.

이렇게 하여, 침대를 벗어나 생활하는 시간 동안 지내는 방법에 대해 '주간 생활 프로그램'을 세운다. 중요한 것은 입소 고령자 개개인의 매일 매일을 생활 프로그램이라고 하는 면에서 바로 잡아가는 데 있다.

몸이 허약하여 와상 상태로 지내는 고령자에게 이상(離床)은 불가능하다고 생각하는 경우가 많다. 그러나, 현실에서는 질병이 있어도 그다지 중증(重症)이지 않은 한, 어느 정도 이상(離床)은 가능하다.

완전 케어 상태로 케어를 필요로 하는 경우 이상(離床)은 휠체어에 앉아서 지내게 되지만, 이 자세로 지내는 것이 전신 상태에 미치는 영향은 놀랄 정도로 작고, 상당 수준으로 무시할 수 있는 정도이다. 반대로, 와상 상태에서의 배변은 앉은 자세에서의 배변에 비해 심장에 미치는 부담이 크다는 것이 확실하다.

와상 상태로 지내더라도 식사를 하고 배설을 하지만, 그러한 행동에서는 오히려 좌위(座位)가 전신에 미치는 영향이 적다. 이렇게 생각하면, 와상은 좌위에 비하여 안정도가 항상 높다고만 할 수 없을 것이다.

이상(離床)은 많든 적든 간에 심신의 활동성을 동반한다. 이것이 심신 기능의 쇠약을 방지하게 된다. 반대로 하루의 대부분의 시간을 와상 상태로 지내는 경우는 심신의 급속한 기능 저하를 초래할 수도 있다. 이것을 '폐용증후군[34)]'이라 한다. 심신의 기능 저하는 신체적 활동성을 빼앗는 중대한 원인의 하나가 되기도 한다.

고령자의 신체적 활동성의 유지향상을 목표로 하는 케어는 폐용성증후군의 발생이나 진행을 미연에 방지하는 것이 중요하며, 그 유력한 수단이 이상(離床)에 있음을 알아두어야 한다.

노인요양시설에 입소하여 요양 생활을 보내는 고령자는 의학적으로

---

34) 폐용증후군=전신적인 활동성이 낮은 상태, 또는 신체 일부의 움직임이 억제되어서 일어나는 기능의 저하. 안정와상이나 기브스 등의 고정에 의해 생긴다.

생각해보면, 전원이 이상(離床)이 가능할 수 있다는 것도 알 필요가 있다. 완전 케어에 의한 이상(離床)이 전신 상태에 영향을 미치는 고령자는 두터운 의료적 관찰하에 놓인 중증자이다. 이러한 사람은 요양시설에는 없다고 보아야 하지만, 일시적으로 건강이 약화되어 의료적인 관찰이 요구되는 경우도 있다.

3) 일상생활에서 이상(離床)을 위한 동기부여

요양생활을 보내는 입소 고령자들의 침대를 벗어나 생활하는 시간이 적절한 수준 이상 되도록 하는 것은 개개인의 일상생활 동작 능력의 보존과 정신건강을 위해서도 중요하다. 이러한 침대로부터 떨어지는 생활(離床)을 위해서는 반드시 목적이 필요하다. 사람은 목적 없이 몸을 움직이는 일은 거의 없다. '가끔은 침대에서 벗어나세요'라고 하는 지시나 조언은 입소 고령자에게 있어서 그다지 큰 동기부여가 되지 않는다. 본인이 자연스럽게 이상(離床)할 수 있도록 목적을 설정하여 재촉하는 것이 생활 스케줄이라고 할 수 있다.

이상(離床)의 목적으로서 좋은 것은 ADL이다. 식사, 배설, 목욕, 세면, 기타 일상 생활행위의 장(場)을 침대나 침실과는 구분되는 곳에 설치하여 둔다. 예를 들면 식사는 식당을 이용하고, 배설은 화장실을 이용하도록 하는 등의 케어의 기본과 그것을 습관화하는 것이 매우 중요하다.

ADL 이외에 그룹 활동, 레크리에이션, 기타 활동에 대한 참가가 있다. 이러한 것들은 본인에게 즐거움을 안겨주는 동시에 이상(離床)을 동기부여 할 수 있는 좋은 계기가 된다. 따라서 고령자 개개인의 생활 이력을 참고하여 쉽게 참가할 수 있는 그룹 활동 등 많은 메뉴를 만들어 둘 필요가 있다.

이상(離床)의 동기부여로서 주목해야 할 또 하나로 '친구'가 있다. 이 경우에는 특별한 활동은 행해지지 않고, 일반적으로는 얼굴을 보고, 이야기를 나눈다. 다만, 이러한 상대가 있다는 것은 본인에게 즐거운 한 순간을 만들어 줌과 동시에 침대를 벗어나는 동기로서도 대단히 훌륭하다.

이상(離床)이 갖는 긍적적인 효과를 제대로 인식하여 이상(離床)을 동기 부여하는 목적이나 인간관계를 많이 만드는 것, 그것을 기초로 하여 입소 고령자 개개인의 생활 프로그램을 만들어가는 것이 케어 스킬의 중요한 요소가 된다.

4.3. 노인의료복지시설의 시설 기준

4.3.1 노인요양시설

노인의료복지시설은 노인복지법 제34조에 의해 노인요양시설과 노인요양공동생활가정으로 구분하고 있다. 이들 시설은 입소정원 규모와 입소자에게 제공하는 서비스에 의해 구분되고 있다.

우리나라의 경우, 2022년 현재 노인요양시설 4,346개 시설 입소정원 규모 216,784명이 요양할 수 있는 시설을 확보, 운영하고 있다(표 4-1 참조). 현실적으로는 노인의복지시설의 서비스를 필요로 하는 고령자 수에 비하면 노인의복지설의 시설수나 입소정원의 규모는 전폭적으로 확대되어야 한다.

표 4-1. 노인요양시설 시설 현황

(2022.12. 기준)

구분	시설수	입소 정원	입소 현원	종사자수
합계	4,346	216,784	171,899	119,615
서울	229	13,729	12,118	8,740
부산	97	6,564	4,968	3,434
대구	141	8,386	6,589	4,924
인천	392	17,837	14,194	9,811
광주	89	3,745	2,805	1,970
대전	103	6,748	5,137	3,532
울산	39	2,115	1,841	1,230
세종	17	741	543	393
경기	1,549	75,799	58,827	40,588
강원	225	10,674	8,632	6,156
충북	226	10,329	8,373	5,813
충남	250	12,085	9,322	6,564
전북	184	8,620	6,727	4,748
전남	234	9,549	7,796	5,331
경북	305	14,475	11,336	7,939
경남	206	11,446	9,532	6,493
제주	60	3,942	3,159	2,219

노인요양시설은 치매·중풍 등 노인성 질환 등으로 심신에 상당한 장애가 발생하여 도움을 필요로 하는 노인을 입소시켜 급식·요양과 그 밖에 일상생활에 필요한 편의를 제공함을 목적으로 하고 있다. 따라서 노인요양시설의 대상자는 다양한 사정으로 재가 상태에서 케어를 행할 수 없는 신체적·정신적 장애를 가진 고령자라고도 할 수 있다.

고령자가 앓고 있는 질병의 상태가 안정되고, 생애에 걸쳐 일상생활의 케어를 필요로 하는 이른바 와상 고령자는 가정에서의 케어에 곤란을 초래하는 일이 많고, 노인요양시설에서 생활하게 되는 경우가 많다.

와상 고령자가 아니더라도 휠체어 이동을 필요로 한다든가 배설, 식사, 청결유지 등의 기본적인 생활행위를 스스로 해결하지 못하는 경우에는 노인요양시설 입소의 대상이 된다.

치매 고령자의 증가로 인하여 노인요양시설에서도 치매동(존, 유니트)을 별도로 설치하는 시설이 늘어 간호사나 요양보호사들에게 새로운 대책을 요하고 있다(표 4-2 참조).

표 4-2. 치매전담형 장기요양기관 총괄[35)]

(2022.12. 기준)

구 분	시설수	정원	현원
합 계	494	7,244	5,131
노인요양시설내 치매전담실	272	3,381	2,658
치매전담형 공동생활가정	46	403	362
치매전담형 주·야간보호	176	3,460	2,111

현재, 노인요양시설 입소 대상자는 질병의 상태는 안정되어 있지만 어떤 만성 질환을 가지고 있는 고령자, 신체적 장애, 또는 정신적 장애로 인하여 일상생활에 지원이 필요한 고령자가 주로 노인요양시설에 입소하여 생활하기 때문에 입소 고령자들 가운데도 질병을 가진 고령자가 전체의 9할을 넘고 있다. 더욱이 이러한 질병을 가진 고령자는 요양생활 기간의 장기화와 더불어 질병은 더욱 악화하게 되고 자연적인 가령에 따라 새로운 질병의 발생으로 인하여 건강상태가 급변하게 될 수도 있음을 예상할 수 있다.

35) 보건복지부 통계자료 참조

4.3.2 노인요양공동생활가정

노인요양공동생활가정(이하, 노인요양그룹홈)은 치매·중풍 등 노인성 질환 등으로 심신에 상당한 장애가 발생하여 도움을 필요로 하는 고령자에게 가정과 같은 주거여건과 급식·요양, 그 밖에 일상생활에 필요한 편의를 제공함을 목적으로 하고 있다. 노인요양시설 입소 고령자와 입소대상자의 기본적인 조건은 같지만, 시설의 입소 정원 규모에서 10명 미만의 소규모인 상태로 입소 고령자들이 가정적인 분위기에서 요양생활을 할 수 있다는 것이 다른 점이다.

표 4-3. 노인요양그룹홈 현황

(2022.12. 기준)

구분	시설수	입소 정원	입소 현원	종사자수
합계	1,723	15,451	13,229	10,415
서울	262	2,326	2,119	1,584
부산	23	207	154	125
대구	122	1085	973	829
인천	91	811	660	513
광주	13	108	90	77
대전	42	372	335	237
울산	16	143	128	102
세종	3	27	24	22
경기	551	4,864	4060	3,241
강원	98	874	826	654
충북	89	787	645	502
충남	102	916	740	594
전북	59	514	431	336
전남	78	732	613	460
경북	117	1,179	986	764
경남	47	416	369	307
제주	10	90	76	68

표 4-4. 노인의료복지시설(노인요양시설+노인요양그룹홈) 현황

(2022.12. 기준)

구분	65세 이상 노인 인구	시설수	입소 정원	입소 현원	종사자수
합계	9,267,290	6,069	232,235	185,128	130,030
서울	1,658,207	491	16,055	14,237	10,054
부산	712,412	120	6,771	5,122	3,559
대구	435,698	263	9,471	7,562	5,753
인천	463,850	483	18,648	14,854	10,324
광주	222,970	102	3,853	2,895	2,047
대전	232,663	145	7,120	5,472	3,769
울산	163,812	55	2,258	1,969	1,332
세종	40,219	20	768	567	415
경기	1,992,807	2100	80,663	62,887	43,829
강원	349,874	323	11,548	9,458	6,810
충북	316,939	315	11,116	9,018	6,315
충남	436,895	352	13,001	10,062	7,158
전북	410,619	243	9,134	7,158	5,084
전남	457,481	312	10,281	8,409	5,791
경북	618,275	422	15,654	12,322	8,703
경남	638,801	253	11,862	9,901	6,800
제주	115,768	70	4,032	3,235	2,287

2022년 현재, 노인요양그룹홈 1,723개 시설을 설치, 15,451명의 정원 규모로 운영되고 있다(표 4-3 참조). 치매 고령자의 특성을 고려하면, 소규모의 요양환경에서 가정적인 요양생활이 요구되므로 시설수나 입소정원의 규모는 지속적으로 확대되어야 할 것이다.

이와 같이, 2022년 12월 기준으로 보더라도 전체 고령자 수는 926만 여명에 이른다. 노인의 복지시설 입소정원의 규모는 232,200여 명에 불과하여 전체 고령자의 2.5% 정도가 요양시설을 이용할 수 있는 수준에 불과하다. 고령화에 대비한 고령 선진국에서는 이미 이보다 훨

씬 높은 4~5% 정도의 고령자들이 요양시설을 이용하고 있다는 점을 고려하면, 우리나라도 초고령화에 대비하여 양질의 노인요양시설을 지속적으로 확보하여야 한다.

4.3.3 노인의료복지시설의 기본적인 조건

1) 노인요양시설

노인의료복지시설의 기준에 따라 노인요양시설과 노인요양그룹홈에는 (표 4-5)에 나타내는 각 실을 충족하여야 한다. 노인요양시설은 입소정원은 10명 이상(입소정원 1명당 연면적 23.6㎡ 이상의 공간을 확보해야 한다)으로 하며, 다만, 노인요양시설에 치매전담실을 두는 경우에는 치매전담실 1실당 정원은 16명 이하로 한다.

표 4-5. 노인의료복지시설의 시설 기준

<table>
<tr><th rowspan="2">시설별 / 구분</th><th colspan="2">노인요양시설</th><th>노인요양그룹홈</th></tr>
<tr><th>입소자
30명 이상</th><th>입소자
30명 미만
10명 이상</th><th>입소자
5명 이상
10명 미만</th></tr>
<tr><td>침실</td><td>○</td><td>○</td><td>○</td></tr>
<tr><td>사무실</td><td>○</td><td rowspan="3">○</td><td rowspan="4">○</td></tr>
<tr><td>요양보호사실</td><td>○</td></tr>
<tr><td>자원봉사자실</td><td>○</td></tr>
<tr><td>의료및간호사실</td><td>○</td><td>○</td></tr>
<tr><td>물리(작업)치료실</td><td>○</td><td>○</td><td>○</td></tr>
<tr><td>프로그램실</td><td>○</td><td>○</td><td>○</td></tr>
<tr><td>식당 및 조리실</td><td>○</td><td>○</td><td>○</td></tr>
<tr><td>비상재해대비시설</td><td>○</td><td>○</td><td>○</td></tr>
<tr><td>화장실</td><td>○</td><td>○</td><td rowspan="3">○</td></tr>
<tr><td>세면장 및 목욕실</td><td>○</td><td rowspan="2">○</td></tr>
<tr><td>세탁장 및 세탁물 건조장</td><td>○</td></tr>
</table>

노인요양시설은 입소자 30명 이상, 입소자 30명 미만~10명 이상으로 구분하여 규정하고 있다.

2) 노인요양그룹홈

노인요양그룹홈은 입소정원은 5명 이상 10명 미만(입소정원 1명당 연면적 20.5㎡ 이상의 공간을 확보해야 한다)으로 한다. 또한, 가정적인 분위기의 노인요양그룹홈은 소규모 노인요양시설에 비해서도 필요 공간에 대한 기준이 다소 완화되어 있다.

나아가, 노인요양시설에 설치하는 치매전담실은 다음의 요건을 갖춰야 한다.

① 정원 1명당 면적이 1.65㎡ 이상인 공동거실을 갖출 것

② 치매전담실 입구에 출입문을 두어 공간을 구분하되, 화재 등 비상시에 열 수 있도록 할 것

③ 공동으로 사용할 수 있는 화장실과 간이욕실(세면대를 포함. 이하 같다)을 갖출 것. 다만, 침실마다 화장실과 간이욕실이 있는 경우에는 그렇지 않다.

한편, 치매전담형 노인요양그룹홈은 다음의 요건을 갖추어야 한다.

① 1층에 설치할 것. 다만, 엘리베이터가 설치된 경우에는 2층 이상에도 설치할 수 있다.

② 정원 1명당 면적이 1.65㎡ 이상인 공동거실을 갖추어야 한다.

4.3.4 노인의료복지시설의 구조 및 설비에 대한 고려 사항

(1) 시설의 구조 및 설비는 일조·채광·환기 등 입소 고령자의 보건위

생과 재해방지 등을 충분히 고려해야 한다.

(2) 복도·화장실·침실 등 입소 고령자가 통상 이용하는 설비는 휠체어 등이 이동 가능한 공간을 확보해야 하며 문턱제거, 손잡이시설 부착, 바닥 미끄럼 방지 등 고령자의 활동에 편리한 구조를 갖추어야 한다.

(3) 「화재예방, 소방시설 설치·유지 및 안전관리에 관한 법률」이 정하는 바에 따라 소화용 기구를 비치하고 비상구를 설치해야 한다. 다만, 입소고령자가 10명 미만인 시설의 경우에는 소화용 기구를 갖추는 등 시설의 실정에 맞게 비상재해에 대비해야 한다.

(4) 입소 고령자가 건강한 생활을 영위하는데 도움이 되는 도서관, 스포츠·레크리에이션 시설 등 적정한 문화·체육부대시설을 설치하되, 지역사회와 시설간의 상호교류 촉진을 통한 사회와의 유대감 증진을 위하여 입소 고령자가 이용하는데 지장을 주지 않는 범위에서 외부에 개방하여 운영할 수 있다.

4.3.5 노인의료복지시설 주요공간의 설비에 대한 기준

1) 침실

(1) 독신용·합숙용·동거용 침실을 둘 수 있다.

(2) 남녀공용인 시설의 경우에는 합숙용 침실을 남실 및 여실로 각각 구분해야 한다.

(3) 입소 고령자 1명당 침실면적은 6.6㎡ 이상이어야 한다. 다만, 치매전담실의 경우에는 다음의 구분에 따른다.

① 가형: 1인실 9.9㎡ 이상, 2인실 16.5㎡ 이상, 3인실 23.1㎡ 이상, 4인실 29.7㎡ 이상

② 나형: 1인실 9.9㎡ 이상, 다인실 1명당 6.6㎡ 이상

(4) 합숙용 침실 1실의 정원은 4명 이하여야 한다.

(5) 합숙용 침실에는 입소자의 생활용품을 각자 별도로 보관할 수 있는 보관시설을 설치해야 한다.

(6) 적당한 난방 및 통풍장치를 갖춰야 한다.

(7) 채광·조명 및 방습설비를 갖춰야 한다.

(8) 노인질환의 종류 및 정도에 따른 특별침실을 입소정원의 5퍼센트 이내의 범위에서 두어야 한다.

(9) 침실바닥 면적의 7분의 1 이상의 면적을 창으로 하여 직접 바깥 공기에 접하도록 하고, 열고 닫을 수 있도록 한다.

(10) 고령자들이 자유롭게 침대에 오르내릴 수 있어야 한다.

(11) 안전설비를 갖춰야 한다.

(12) 공동주택에 설치되는 노인요양그룹홈의 침실은 1층에 두어야 한다.

2) 식당 및 조리실

조리실 바닥재는 내수 소재이고, 조리실은 세척 및 배수에 편리한 구조여야 한다.

3) 세면장 및 목욕실

(1) 바닥재는 미끄럽지 않은 소재여야 한다.

(2) 욕조를 설치하는 경우에는 욕조에 고령자의 전신이 잠기지 않는 깊이로 하고, 욕조 출입이 편리하도록 최소한 1개 이상의 보조봉과 수직의 손잡이 기둥을 설치해야 한다.

(3) 급탕을 자동 온도조절 장치로 하는 경우에는 물의 최고 온도는

섭씨 40도 이상이 되지 않도록 해야 한다.

4) 프로그램실

자유롭게 이용할 수 있는 적당한 문화시설과 오락기구를 갖춰야 한다.

5) 물리(작업)치료실

기능회복 또는 기능감퇴를 방지하기 위한 훈련 등에 지장이 없는 면적과 필요한 시설 및 장비를 갖춰야 한다.

6) 의료 및 간호사실

진료 및 간호에 필요한 상용의약품·위생재료 또는 의료기구를 갖춰야 한다.

7) 그 밖의 시설

(1) 복도, 화장실, 그 밖의 필요한 곳에 야간 상용 등을 설치해야 한다.
(2) 계단의 경사는 완만해야 하며, 치매 노인의 낙상을 방지하기 위하여 계단의 출입구에 출입문을 설치하고, 그 출입문에 잠금장치를 갖추되, 화재 등 비상시에 자동으로 열릴 수 있도록 해야 한다.
(3) 바닥재는 부드럽고 미끄럽지 않은 소재여야 한다.
(4) 주방 등 화재 위험이 있는 곳에는 치매 고령자가 임의로 출입할 수 없도록 잠금장치를 설치해야 한다.
(5) 배회환자의 실종 등을 예방할 수 있도록 외부 출입구에 잠금장치를 갖추되, 화재 등 비상시에 자동으로 열릴 수 있도록 해야 한다.

8) 경사로

침실이 2층 이상에 있는 경우 경사로를 설치해야 한다. 다만, 「승강기 안전관리법 시행규칙」에 따른 승객용 엘리베이터를 설치한 경우에는 경사로를 설치하지 않을 수 있다.

표 4-6. 우리나라의 노인요양시설과 일본의 특별양호노인홈 주요부 설비기준 비교

구분	우리나라의 노인요양시설 설비기준	일본의 특별양호노인홈 설비 기준[36)]
침실	- 입소자 1인당 침실면적은 6.6㎡ 이상 - 합숙용 침실 1실 정원 6명 이하 - 합숙용 침실에는 입소자의 생활용품을 각자 별도로 보관할 수 있는 보관시설 설치 - <u>노인질환의 종류 및 정도에 따른 특별 침실을 입소정원의 5%이내의 범위 안에서 두어야 함</u> - 침실바닥면적의 1/7 이상의 면적을 창으로 하여 직접 바깥 공기에 접하도록 하며, 직접 개폐 가능하여야 함 - 치매노인의 배회를 위한 공간과 안전설비를 갖춘 배회용 거실을 두어야 함	- 침실은 1인실을 기준(2인실까지 가능) - 1인실의 경우 10.65㎡ 이상, 2인실의 경우 21.3㎡ 이상 - 필요에 따라 입소자의 생활용품을 보관할 수 있는 설비를 갖출 것 - <u>침실에서 요양하는 것이 일시 곤란한 심신 상태인 입소자를 위하여 정양실을 둘 수 있다</u> - 침실 바닥면적의 1/14 이상의 면적을 외기에 면하여 개방할 수 있도록 할 것 - 부저 또는 이를 대체할 수 있는 설비를 갖출 것
욕실 (목욕장)	- 바닥은 미끄럽지 아니하여야 함 - 욕조를 설치하는 경우에는 노인의 전신이 잠기지 아니하는 깊이로 하고 욕조출입이 자유롭도록 최소한 1개 이상의 보조봉과 수직의 손잡이 기둥을 설치하여야 함 - 급탕을 자동온도조절장치로 하는 경우 물의 최고온도는 섭씨 40도 이상 되지 않도록 하여야 함	- 신체가 부자유스러운 자가 입욕하기에 적합할 것 - 일반욕조를 설치하는 외에, 필요에 따라 입욕에 간호를 필요로 하는 자에 적합한 특별욕조를 갖출 것 - 1주일에 2회 이상 목욕이나 몸 닦기
화장실	- 수용인원 10인까지 1개 이상의 대변기를 설치하여야 하고, 매 10인을 초과할 때 마다 1개를 증설해야 함(대변기 수의 1/3 이상을 좌식용 변기로 설치)	- 침실마다 설치하든가 또는 공동생활실별로 적당 수 설치할 것 침거실이 있는 각 층마다 거실에 근접 하여 설치할 것) - 부저 또는 이를 대체할 수 있는 설비를 갖춤과 동시에 신체가 부자유스러운 자의 사용에 적합할 것 - 심신의 상황에 따라 적절한 방법으로 배설자립을 원조

구분	우리나라의 노인요양시설 설비기준		일본의 특별양호노인홈 설비 기준[36]	
기타	일광욕실	- 입소자의 욕창 예방과 치료를 위하여 입소자 50인당 1개소씩 설치	공동생활실	- 식사 및 담화 등을 즐길 수 있도록 함 - 면적은 입소정원×2.0m^2 이상으로 할 것(식사실과 기능훈련실의 합계한 면적은 입소정원×3.0m^2이상 -식사 제공과 기능훈련에 지장이 없는 넓이를 확보한 경우 동일 장소 가능) - 주방에서 화기를 사용하는 부분은 불연 재료를 사용
	공동거실	- 치매전담형의 경우 정원 1명당 1.65 m^2 이상의 면적을 확보하여야 함.		
	식당(주방)	- 면적이나 설비 관련 제약조건 없음(조리실 바닥은 내수재료로서 세정 및 배수에 편리한 구조로 하여야 함)		
	물리치료실	- 기능회복 또는 기능감퇴를 방지하기 위한 훈련 등에 지장이 없는 면적과 필요한 시설 장비를 갖추어야 함	기능훈련실	- 면적은 입소정원×1.0m^2 이상 - 필요한 비품을 갖추어야 함

4.3.6 노인의료복지시설의 인적 기준 및 역할

1) 인적 기준

노인요양시설의 스탭을 입소자 30명 이상인 경우를 기준으로 살펴보면, 상주하는 의사(또는 계약의사) 1명 이상, 간호사(또는 간호조무사)는 입소자 25명당 1명, 사회복지사는 시설당 1명, 물리치료사(또는 작업치료사) 도 시설당 1명, 요양보호사는 입소자 2.3명당 1명 이상을 두어야 하는 것으로 규정하고 있다. 노인병원보다 간호사 수가 적은 특징을 보이고 있으며, 노인요양시설에서 입소 고령자들의 생활 케어는 요양보호사가 주체가 되어 행하고 있다. 다만, 치매전담실은 입소자 2명당 1명의 요양보호사를 두어야 한다.

앞에서 살펴본 바와 같이 노인요양그룹홈의 입소 정원은 5명 이상~10명 미만으로 가족적인 규모이다. 따라서 상주하는 의사(또는 계약의사)는 없고, 간호사(또는 간호조무사나 물리치료사 혹은 작업치료사) 1

36) 特別養護老人ホームの設備及び運営に関する基準(厚生省令第46号) (mhlw.go.jp).

명, 요양보호사는 입소자 3명당 1명을 두어야 하며, 치매전담형 시설인 경우에는 입소자 2.5명당 1명의 요양보호사를 두어야 한다.

표 4-7. 노인의료복지시설의 직원 기준

<table>
<tr><th rowspan="2">시설별
직종별</th><th colspan="2">노인요양시설</th><th rowspan="2">노인요양
공동생활가정</th></tr>
<tr><th>입소자
30명 이상</th><th>입소자
30명 미만 10명 이상</th></tr>
<tr><td>시설의 장</td><td>1명</td><td>1명</td><td rowspan="3">1명</td></tr>
<tr><td>사무국장</td><td>1명(입소자 50명 이상인 경우로 한정함)</td><td rowspan="2">1명</td></tr>
<tr><td>사회복지사</td><td>1명(입소자 100명 초과할 때마다 1명 추가)</td></tr>
<tr><td>의사 또는 계약의사</td><td>1명 이상</td><td>1명</td><td></td></tr>
<tr><td>간호사 또는 간호조무사</td><td>입소자(25명당 1명)</td><td>1명</td><td rowspan="2">1명</td></tr>
<tr><td>물리치료사 또는 작업치료사</td><td>1명(입소자 100명 초과할 때마다 1명 추가)</td><td></td></tr>
<tr><td>요양보호사</td><td>입소자(2.3명당 1명)
치매전담실은 2명당 1명</td><td>입소자 2.3명당 1명
치매전담실은 2명당 1명</td><td>입소자 3명당 1명
치매전담형은 2.5명당 1명</td></tr>
<tr><td>사무원</td><td>1명(입소자 50명 이상인 경우로 한정함)</td><td></td><td></td></tr>
<tr><td>영양사</td><td>1명(1회 급식인원이 50명 이상인 경우로 한정함)</td><td></td><td></td></tr>
<tr><td>조리원</td><td>입소자 25명당 1명</td><td>1명</td><td></td></tr>
<tr><td>위생원</td><td>1명(입소자 100명 초과할 때마다 1명 추가)</td><td></td><td></td></tr>
<tr><td>관리인</td><td>1명(입소자 50명 이상인 경우로 한정함)</td><td></td><td></td></tr>
</table>

2) 입소 고령자의 건강관리

간호사는 주로 의료 측면에서 리더로서 역할을 담당한다. 의사의 지시에 기초하여 의료적인 업무를 행하는 것은 케어 스탭은 할 수 없는 일이다. 만성 질환을 가진 입소 고령자는 입원 치료가 끝났다고 하더라도 의료적인 대응이 필요하게 되고, 증상의 관찰, 복약의 관리, 급변 시의 대응을 요한다. 고령자의 만성질환이 늘어나고 있는 것으로부터 독립된 진료소를 가진 시설도 있다.

또, 일반적으로도 고령자는 폐렴이나 요로감염 등을 일으킨다든가 피부질환을 병발하기 쉽다. 이러한 것들을 예방해 가는 것도 행해지고 있다. 단순히 질환을 관리하는 것뿐만 아니라 가능한 한 고령자가 가진 장애를 생활 속에서 적응시켜가는 것은 전문직으로서의 역할이다.

노인요양시설 입소 고령자의 건강관리는 폭이 넓고, 다양한 사정으로 인하여 충분하게 이루어지지 못하는 경우도 있지만 내용은 다음과 같다.

① 입소 고령자의 건강 상태를 확인하고, 질병의 예방과 악화 방지.

② 질병의 상태 변화를 예측하여 변화 시에 대응.

③ 건강 상태에 따라 적절한 훈련과 휴식을 취하게 하며, 일상생활 동작 능력을 유지토록 함.

노인병원이나 보건시설과 비교하여도 노인요양시설 입소 고령자의 건강관리는 간호사의 역할이 중요하다.

3) 입소 고령자의 일상생활 케어와 지원

입소 고령자의 일상생활 케어는 요양보호사가 주로 담당하며 행하고 있지만, 그 케어를 입소 고령자의 건강 상태에 맞추어가는 것은 간호사의 역할이 된다. 예를 들면, 열이 나는 경우의 식사나 수분 보충 방법, 몸 닦기 방법 등에 대해서는 간호사가 판단하여 케어 스탭과 협력체제를 취할 필요가 있다. 의학적 근거에 기초한 적절한 일상생활의 케어는 고령자의 건강관리로 이어질 뿐만 아니라 노인요양시설의 케어의 질을 높이는 역할을 하게 된다. 요양보호사 등 케어 스탭은 일상생활 케어를 통해 얻은 건강 상태의 정보를 간호사에게 전달, 간호사는 그것들을 평가하여 케어 스탭에게 적절한 케어 방법을 구체적으로 전달해 간다. 이것은 고령자의 케어에 있어서 빼놓을 수 없는 중요한 활동이다.

케어 스탭의 생활지원(원조) 계획은 입소 고령자의 장애 정도나 성격, 취미, 생활 습관에 기초하여 세우지만, 간호사의 건강측면으로 부터의 지원이 더해 짐으로써 입소 고령자를 종합적으로 케어하게 된다.

4) 입소 고령자의 가족 등과의 교류 지원(원조)

노인요양시설에 입소한 경우는 질병의 상태가 안정, 가정 사정 등으로 인하여 가족의 면회가 적어지는 경우가 많다. 고령자와 가족 간에는 과거에 깊은 사정이 있다든가 노인요양시설 입소를 둘러싸고 곤란한 문제가 생기는 사례도 있으며, 해결되지 않는 경우도 있다. 그러나, 가족관계의 문제나 가족과의 분리는 입소 고령자에게 의욕을 잃어버리게 하거나 하여 때로는 식사 거부(拒食)나 극단적인 선택으로까지 발전하게 되는 일도 있다.

간호사는 요양보호사 등과 협력하여 가능한 한 가족과 입소 고령자가 충분히 교류할 수 있도록 배려할 필요가 있다. 가족 중에는 신체면에서의 정보를 필요로 하는 사람도 있고, 간호사와의 커뮤니케이션이 필요 하게 되는 일도 많다. 상황에 따라서는 입소 고령자가 외박할 수 있도록 가족과 함께 계획한다든가 케어 방법에 대해 지도를 실시하는 것도 중요하다.

노인요양시설에 입소하게 되면서 새로운 가족의 역할이 있음을 면회를 통해 알린다든가, 입소 고령자가 제2의 가정에서 생활하고 있는 것 같은 분위기를 가지도록 가족과 서로 이야기하고 함께 고령자의 요양

생활을 지원해가는 시점을 가지도록 가족에게 동기부여가 중요하다.

(1) 간호와 케어

노인의료복지의 현장에서는 간호사나 케어 스탭의 역할 또는 업무 내용을 각 시설의 규정에 맡겨구 있지만, 간호사와 케어 스탭의 일은 중복되는 경우도 많다. 따라서 간호와 케어의 개념에 관하여 다양한 의견이 있을 수 있지만, 여기서는 사견을 섞어서 (표 4-8)과 같이 정리해 본다.

표 4-8. 간호와 케어의 구분

구분	간호	케어(간병)
대상	모든 사람들	안정된 질병 상태의 고령자, 신체장애자
실천자	간호사 간호조무사	요양보호사 간병인(요양보호사, 가족, 헬퍼, 자원봉사자, 등)
노인의료 복지에서의 의의	모든 건강활동을 통하여 고령자가 보다 좋게 살아가는 것을 지원	일상생활의 지원을 통해 고령자가 보다 좋게 살아가는 것을 지원
내용	일상생활을 지원 진료의 보조(처치, 검사를 함) 건강 상태의 관찰, 판단	일상생활의 지원

케어의 대상은 안정된 질병 상태의 고령자, 심신에 장애가 있지만 그들 개개인의 건강 상태는 안정되어 있는 것처럼 보여도 변화가 일어날 가능성을 다분히 포함하고 있으며 간호사와의 연계가 필요하다. 또, 케어의 실천자는 요양보호사 등 복지서비스 전문가로서의 지식, 기술을 습득하는 훈련을 받고 있는 사람과 자원봉사자, 가족, 훈련을 받지 않은 사람에 이르기까지 케어 레벨은 다양하다.

이러한 것이 간호와 케어의 역할을 명확하게 구분하기 어려운 원인의 하나가 되기도 한다. 노인병원, 노인보건시설, 노인요양시설의 케어스탭 중에서 전문적인 자격을 가진 사람은 아직까지 충분하다고는 할 수 없다.

표 4-9. 노인병원, 노인보건시설, 노인요양시설의 비교

<table>
<tr><th>구분</th><th colspan="2">노인(요양)병원[37]</th><th colspan="2">개호노인보건시설[38]</th><th colspan="2">노인요양시설</th></tr>
<tr><td>기능</td><td colspan="2">치료</td><td colspan="2">요양</td><td colspan="2">가정에 준함</td></tr>
<tr><td>직원</td><td>의사
간호사
개호직원
기타</td><td>2명/입원환자 80명당
1명/입원환자 6명당</td><td>의사
간호사
케어직원
기타
(물리치료)</td><td>1명/입소자 100명당
1명/입소자 3명당
1명 이상(전문)
1명/입소자 100명당</td><td>의사
간호사
사회복지사[39]
요양보호사[40]
물리(작업)치료사[41]</td><td>1명 이상
1명/입소자 25명당 1명
1명/입소자 2.5명당 1명</td></tr>
<tr><td>간호의 역할</td><td colspan="2">- 일상생활동작능력의 회복
- 질병의 악화 방지
- 일상생활에 적응
- 평화로운 죽음에 대한 원조</td><td colspan="2">- 고령자의 잔존기능을 최대한으로 이용 자립 지원
- 질병 악화 방지와 조기발견
- 가족 지도</td><td colspan="2">- 건강관리
- 간병인의 일상생활 케어의 지원
- 가족과의 교류 지원
- 평화로운 죽음에 대한 지원</td></tr>
<tr><td>입원실/침실 면적 기준</td><td colspan="2">- 1인실 10㎡ 이상
- 2인실 이상: 6.3㎡/1인 이상
- 1실당 6인 이하</td><td colspan="2">- 1인실 10.65㎡ 이상
- 4인실 이하 다인실 : 8.0㎡/1인 이상
- 1실당 4인 이하</td><td colspan="2">- 1인실 6.6㎡ 이상
- 합숙용 1실당 4인 이하
- 치매전담형 가형 (1인실 9.9㎡ 이상 등)</td></tr>
<tr><td>입원/입소 대상자</td><td colspan="2">장기 입원 필요한 환자</td><td colspan="2">65세 이상으로 요개호 1~5인 고령자, 가정복귀를 목표로 함</td><td colspan="2">노인성질환 등으로 심신에 상당한 장애가 발생하여 도움을 필요로 하는 노인</td></tr>
<tr><td>비고</td><td colspan="2">의료서비스</td><td colspan="2">이용 : 원칙 3~6개월
의료적 케어와 리허빌리테이션</td><td colspan="2">이용: 종신
거주 및 생활</td></tr>
</table>

37) 의료법, 의료법시행규칙 참조.

38) 일본의 개호노인보건시설을 사례적으로 비교함.

39) 입소자 100명 초과할 때마다 1명 추가 확보하여야 함.

한편, 일본의 경우는 우리나라보다 먼저 고령화가 진행되어 시설의 효율적인 기능 수행을 기대하며 의료시설과 복지시설의 체계에 중간적 시설로써 개호노인보건시설을 설치, 운영하고 있다. 그리하여 노인병원-노인보건시설-노인요양시설과 같은 시설 체계를 형성하게 되었다. 중간시설적 역할을 담당하고 있는 개호노인보건시설은 장기요양이 목적이 아니라, 입소 고령자의 가정으로의 복귀를 전제로 한 일종의 통과시설이라는 점에서 리허빌리테이션을 중요시하고 있다. 이러한 시설 체계 및 운영은 초고령화가 진행되고 있는 우리나라의 고령자 의료복시설에서에서도 참고할 만하다.

4.3.7 노인의료복지시설의 입소를 위한 절차

1) 노인의료복지시설 입소대상 : 노인요양시설·노인요양그룹홈

- 기초생활수급자(생계급여 또는 의료급여)중 65세 이상의 자
- 부양의무자로부터 적절한 부양을 받지 못하는 65세 이상의 자
- 학대 피해 노인이나 긴급조치 대상자 등 시장·군수·구청장이 시설보호가 필요하다고 인정하는 경우 입소 가능
- 입소자로부터 입소 비용의 전부를 수납하여 운영하는 시설의 경우는 60세 이상의 자

2) 노인의료복지시설 입소절차

- 장기요양급여수급자 중 시설급여 대상자

40) 치매전담실은 입소자 2명당 요양보호사 1명 확보하여야 함.

41) 입소자 100명 초과할 때마다 1명씩 추가 확보해야 함.

장기요양인정신청(공단 지사) → 방문조사 → 등급판정위원회 → 장기요양인 정서 수령 → 아래 입소 절차에 따라 입소

- 장기요양기관에서는 반드시 기초생활수급자(생계급여 또는 의료급여) 및 기타 의료급여수급권자에 대한 입소의뢰서를 확인한 후 수급자와 계약을 체결하여야 한다.
- 기초생활수급자(생계급여 또는 의료급여) 및 의료급여수급자
- 주소지를 관할하는 특별자치도지사·시장·군수·구청장에게 입소신청서 제출 → 입소여부 및 입소시설 결정→신청인 및 당해시설에 통지

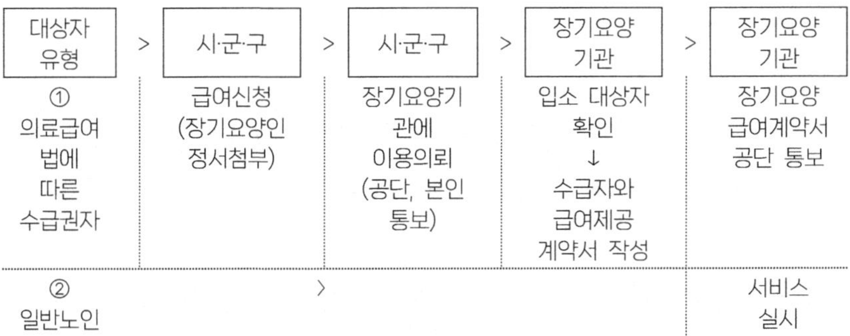

그림 4-1. 노인의료복지시설 입소 절차

4.3.8 노인장기요양보험제도의 제도의 실시

우리나라에서도 수년 전부터 고령자들의 의료시설에서의 장기 입원 환자의 증가 등으로 건강보험재정의 효율적인 관리가 요구되기 시작하였다. 이에 2008년 노인장기요양보험법[42]을 시행하여 고령이나 노인성 질병 등의 사유로 일상생활을 혼자서 수행하기 어려운 고령자 등에게

42) 노인장기요양보험법 | 국가법령정보센터 | 법령 > 본문 (law.go.kr)

제공하는 신체활동 또는 가사활동 지원 등의 장기요양급여에 관한 사항을 규정하여 노후의 건강증진 및 생활의 안정을 도모하고 그 가족의 부담을 덜어줌으로써 국민의 삶의 질을 향상하도록 하고 있다.

장기요양급여의 종류는 재가급여(방문요양, 방문목욕, 방문간호, 주·야간보호, 단기보호, 기타재가급여), 시설급여, 특별현금급여로 구분하고 있다. 특히, 시설급여는 장기요양기관에 장기간 입소한 수급자에게 신체활동 지원 및 심신기능의 유지·향상을 위한 교육·훈련 등을 제공하는 장기요양급여이다.

노인장기요양보험법 시행령 7조(등급판정기준 등)에서 정한 등급판정기준은 다음과 같다.

① 장기요양 1등급 : 심신의 기능상태 장애로 일상생활에서 전적으로 다른 사람의 도움이 필요한 자로서 장기요양인정 점수가 95점 이상인 자

② 장기요양 2등급 : 심신의 기능상태 장애로 일상생활에서 상당 부분 다른 사람의 도움이 필요한 자로서 장기요양인정 점수가 75점 이상 95점 미만인 자

③ 장기요양 3등급 : 심신의 기능상태 장애로 일상생활에서 부분적으로 다른 사람의 도움이 필요한 자로서 장기요양인정 점수가 60점 이상 75점 미만인 자

④ 장기요양 4등급 : 심신의 기능상태 장애로 일상생활에서 일정부분 다른 사람의 도움이 필요한 자로서 장기요양인정 점수가 51점 이상 60점 미만인 자

⑤ 장기요양 5등급 : 치매(제2조에 따른 노인성 질병에 해당하는 치

매로 한정한다)환자로서 장기요양인정 점수가 45점 이상 51점 미만인 자

⑥ 장기요양 인지지원등급 : 치매(제2조에 따른 노인성 질병에 해당하는 치매로 한정한다)환자로서 장기요양인정 점수가 45점 미만인 자

장기요양보험에서는 1~5등급, 인지지원등급으로 시설등급과 재가등급으로 나뉘어진다. 1~2등급은 시설등급으로 요양시설 이용에 있어서 시설 급여 혜택을 받을 수 있다. 그러나, 3~5등급은 재가급여 혜택만 주어지게 되어 시설입소가 기본적으로 불가능하다. 다만, 3~5등급자인 경우에도 여러 가지 이유로 집에서 지내기 어려운 상황이 발생한다면 재가등급을 시설등급으로 바꾸는 급여변경신청서를 건강보험공단 장기요양센터에 제출하여 시설등급을 승인받을 수 있다. 5등급자의 경우 일정 요건을 충족하지 못하면 급여종류·내용변경 신청이 불가능하다.

4.4 노인요양시설의 생활공간 계획의 방향

노인요양시설은 입소정원 규모를 10명 이상으로 하고, 입소정원 1명당 연면적 23.6㎡ 이상의 공간을 확보해야 한다. 다만, 노인요양시설 내에 치매전담실을 두는 경우에는 치매전담실 1실당 정원을 16명 이하로 하여야 한다.

그러나, 입소정원 1명당 침실 면적인 6.6㎡를 입소정원 1명당 연면적 23.6㎡에서 제하고 나면 17.0㎡를 가지고 공용부에 필요한 전체공

간을 확보하는 노인요양시설 계획을 수립하여야 한다. 따라서 이 면적은 입소 고령자들을 위한 최소한의 조건이기 때문에 보다 쾌적인 요양환경을 조성하기 위해서는 (표 4-10)에 나타내는 연면적의 사례를 보더라도 기준의 116.8%로 계획되었지만 아직까지 입소 고령자들의 생활수준을 고려한 양질의 공간조건을 만들기 위해서는 추가적으로 적절한 면적을 확보하여야 한다.

노인요양시설 계획에 있어서 다양한 고려 사항이 존재하겠지만, 여기서는 무엇보다도 중요한 요양시설의 주된 사용자인 입소 고령자의 요양생활을 원활하게 전개할 수 있도록 하는 측면에서 노인요양시설 계획에 필요한 내용을 중심으로 살펴보고자 한다.

노인요양시설은 거주부문, 공용부문, 간호·케어부문, 관리부문, 기타부문으로 구별할 수 있다. 각 부문별 대략적인 면적구성 비율은 노인요양시설의 규모, 운영방식, 입지조건 등에 따라 다르게 나타나겠지만, 입소 고령자의 생활을 고려하여 전체적으로 거주부문은 24~27%, 공용부문은 19~21%, 간호·케어부문은 7~9%, 관리부문은 17% 내외, 기타부문은 30% 내외 정도로 구성을 제안[43] 하고 있기도 하다.

고령자들이 보다 쾌적하고 안정적인 요양생활을 할 수 있는 노인요양시설 계획을 위해서는 노인요양시설이 치매·중풍 등 노인성 질환 등으로 심신에 상당한 장애가 발생하여 도움을 필요로 하는 노인을 입소시켜 급식·요양과 그 밖에 일상생활에 필요한 편의를 제공하는 것에 목적을 두고 있다는 점과 보편적으로 비치매 고령자와 치매 고령자가 같이 생활하게 되는 상황을 고려하여 노인요양시설은 치매, 비치매를

43) 추연철, 이동숙, 윤충열, 노인요양시설의 이용특성 및 공간구성에 관한 연구, 한국농촌건축학회 논문집 제12권 3호, 2010.08, pp.65-66

명확하게 구분하는 것이 바람직하지 않다. 따라서 본 절에서는 치매 고령자를 포함한 입소 고령자 모두를 위한 노인요양시설 계획 방향에 대해 기술하고자 한다.

표 4-10. 경남지역 노인요양시설의 연면적[44] 사례

정원 규모	정원 1명당 연면적 (㎡)
29명 이하	28.61
30명~59명	27.89
60명~89명	27.28
90명 이상	27.22
전체 평균	27.57

치매 고령자의 생활 특성 등을 고려한 바람직한 노인요양시설 계획의 방향으로는 안전성 확보, 접근성과 기능성 확보, 생활영역의 단계화 및 다양화, 프라이버시 보호, 사회적 관계 유지, 문제행동의 수용, 생활행위의 다양한 수준 고려, 가정적인 분위기 형성, 케어거점으로서 서비스스테이션 형성 등이다.

4.4.1 안전성의 확보

고령자의 신체적 변화 중 시각, 청각, 촉각 등의 둔감화 현상은 주택에서 지내는 고령자뿐만 아니라 노인요양시설에서 지내는 입소 고령자의 안전사고와 직결되며, 시설 내·외에서 일상생활을 하면서 안전성이 확보되도록 공간을 구성하는 것은 무엇보다도 중요하다. 노년기에 주로 발생하는 안전사고는 넘어지는 것과 쓰러지는 것, 화상과 같은

44) 양금석, 경남지역 노인요양시설의 공간 특성에 관한 연구, 한국농촌건축학회 논문집, 제23권 4호, 2021.11, p.25

사고인데 이러한 사고는 노화로 인한 감각기관의 둔화, 뼈의 약화 등이 주된 원인이다.

따라서 노인요양시설에서 안전사고가 우려되는 계단, 욕실 및 화장 실의 안전을 고려한 계획은 필수적이라 할 것이다. 안전사고를 방지하고 최소화하기 위해서는 바닥재를 미끄러짐이 적은 재료로 마감하여야 한다. 입소 고령자의 침실에서 간호사실(nurse station)과 연결하는 긴급 호출 장치(nurse call)가 필수적이며, 마찬가지로 입소 고령자가 자주 사용하는 욕실이나 화장실에도 이러한 설비·장치를 갖추도록 하여야 한다. 또한, 공용공간은 물론이고 고령자 혼자서 개별적으로 이용하는 공간 같은 곳에도 긴급 호출 장치를 설치하여 정기적으로 확인하고, 비상시 신속하게 대응할 수 있도록 하여야 한다. 나아가 노인요양시설 내 벽의 모서리 부분이나 각진 기둥 등의 부분에는 충돌을 방지하거나 줄일 수 있도록 안전장치를 설치하고, 부딪칠 우려가 있는 부분은 기본적으로 둥그렇게 처리하든가 플라스틱 같은 충격방지용 안전장치를 설치하도록 한다.

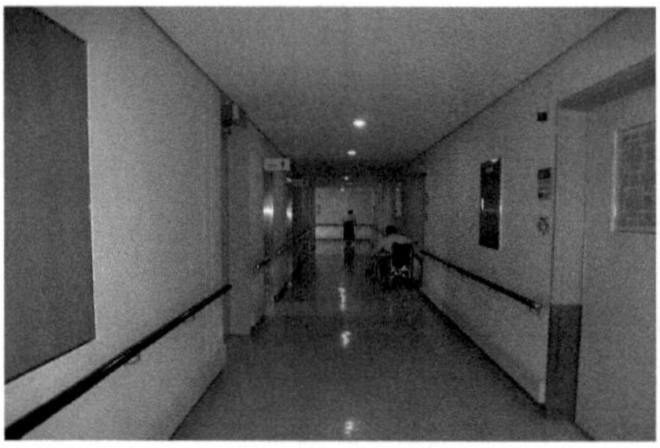

복도 부분 손잡이 설치

옥상공원 손잡이 설치

그림 4-2. 안전성 확보를 위한 노인요양시설의 사례

기본적으로 복도나 경사로에는 보행 보조용 손잡이를 설치하여 보행시 안전하게 이동할 수 있도록 하고, 미끄러짐을 방지할 수 있도록 바닥재료와 구조는 안전하게 처리하여야 한다. 신체적 장애 수준을 고려하여 자유로운 보행이 어려운 고령자를 위해서는 층간 이동 수단인 엘리베이터의 설치는 필수적이라 할 것이다.

주요 공공공간이나 복도 등에 모니터(cctv)를 설치하여 입소 고령자의 안전을 감시하고 보호할 수 있도록 하여야 한다. 또한, 날씨 변화에 따른 냉·난방 안전도 확보해야 한다. 겨울철 입소 고령자들의 안전을 위하여 가급적 모든 공용부 바닥에도 난방설비를 갖추는 것이 바람직하다. 특히, 치매 고령자의 행동 특성을 고려하여 안전성을 확보하도록 하여야 한다. 치매 고령자의 침실과 그 주변에는 돌발적으로 문제행동을 유발시킬 수 있는 긴 줄이나 돌출 부분 등은 만들지 않도록 하여야 한다.

침실이나 거주 요양동 요양시설 내를 벗어날 때 간호사실(또는 스테이션)에서 파악하여 대응할 수 있는 관리시스템을 구축하고, 침실이 2층 이상에 위치하거나 침실에서 발코니로 나갈 수 있도록 하는 구조인 경우에도 출입을 확인하고 감시할 수 있는 체계를 갖추어야 한다. 이 경우에도 고령자의 존엄성을 지킬 수 있도록 노출이 되지 않는 형태로 하는 것이 바람직하다.

4.4.2 접근성과 기능성의 확보

노인요양시설 내에서 입소 고령자들이 자신의 환경을 적절하게 이용할 수 있도록 접근성을 확보하고, 각종 시설물이나 장치의 기능적인 조작을 손쉽게 할 수 있도록 하여야 한다. 고령자에 따라서는 문 열기, 창 열기, HVAC 컨트롤, 화장실 내 기구 사용 등이 어려울 수도 있기 때문에 조작이 쉽도록 계획하여야 한다.

노인요양시설에서 외부공간으로부터 주출입구, 주출입구에서 각 공간(실)으로의 이동 통로, 각 공간 내에서의 기본적인 생활행위 전개를 위한 각종 실(공간)은 물론, 설비나 부대시설에 이르기까지 유니버설디자인45) 개념을 적용하고 무장애 공간46)의 물리적 환경이 되도록 하는 것이 중요하다.

수직-수평 이동의 수단

외부로부터 주출입구 진입

그림 4-3. 접근성 확보를 위한 노인요양시설의 사례

특히, 무장애 공간화는 휠체어나 보행 보조기를 사용해야 하는 장애조건을 지닌 고령자가 요양시설 내·외부에서 일상생활을 영위함에 있어서 접근이 가능하도록 물리적 제한이 없는 무단차(無段差) 거주환경을 조성하는 것을 말한다. 따라서 노인요양시설 공간 계획에서는 고령자의 신체적, 정신적, 사회적 특성을 고려하여 무장애 공간을 구현하여야 한다.

노인요양시설 공용부의 바닥, 벽 등의 마감에 있어서 비닐, 타일, 카펫 등의 재료선정에서는 시각적인 혼란이 발생하지 않도록 세심한 고려가 필요하다. 입소 고령자들에게 혼란을 초래할 수 있는 무늬나 색

45) Universal Design (UD), 제품, 시설, 서비스 등을 이용하는 사람이 성별, 나이, 장애, 언어 등으로 인해 제약을 받지 않도록 설계하는 것

46) Barrier Free Design, 무장애 디자인을 통하여 무단차, 접근에 장애가 없는 공간구현을 의미함.

채는 심리적으로 안정감을 해칠 수도 있다는 점을 고려하여야 한다. 따라서 무엇보다도 고령자의 입장에서의 접근성과 기능성을 고려한 디자인이 중요하다.

더욱이 요양시설 내·외부의 미적인 역할을 하는 각 요소는 심리적으로 긍정적인 영향을 미칠 수 있는 물리적 환경요소이기도 하다. 인테리어의 재료, 색채, 조명, 밝기, 소음, 장식 및 표식, 가구 및 비품, 기호품 등은 치매 고령자에게 영향을 크게 미치기 때문에 친근감이나 쾌적감을 줄 수 있는 부드러운 재료-카펫, 모노륨, 목재 등-를 사용하는 것이 중요하다.

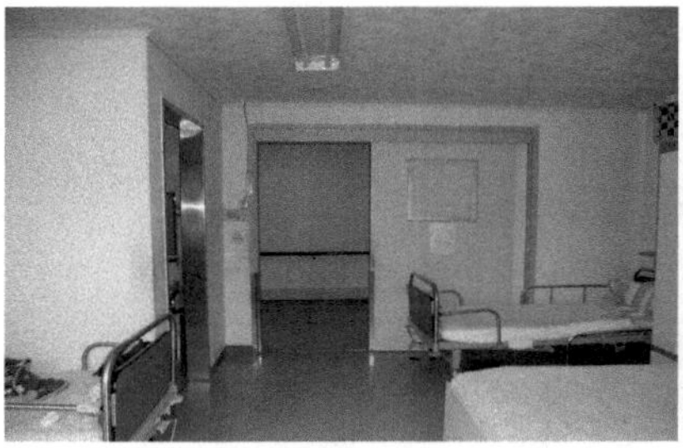

침실 출입문-슬라이딩 도어

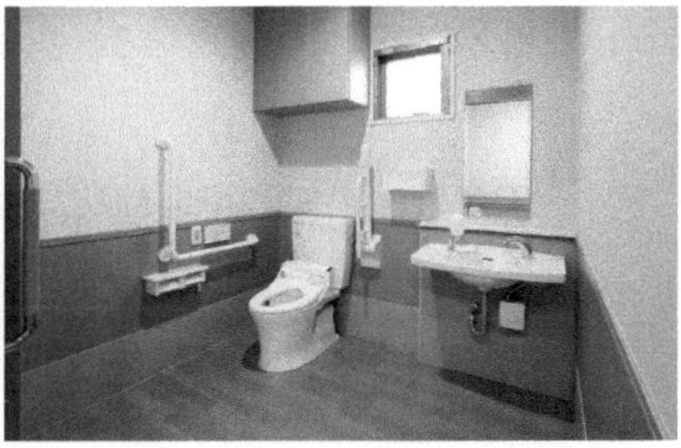

적절한 치수와 스페이스를 확보한 침실 부속 화장실의 변기 및 세면대

그림 4-4. 기능성 확보를 위한 노인요양시설의 사례

또한, 실내 공간의 바다 마감재는 이음매가 없는, 내수성의, 손쉽게 청소할 수 있는, 쉽게 오염되지 않는 재료가 좋다. 이러한 특징은 모두 노인요양시설이나 병원 등의 환경에 요구되는 전형적인 것이기도 하다. 특히, 치매 고령자들을 위해서는 밝은 조명이나 대담한 색채 사용, 문양이 없는 바닥이나 벽지가 거주환경의 이해에는 도움이 될 수 있다.

노인요양시설 계획·디자인에 있어서 주의해야 할 점은 치매 고령자를 비롯한 입소 고령자들은 건축, 미술, 조경과 같은 분야와 관련한 전문가가 아니며, 인지능력이나 감응 능력 등이 저하한 사용자라는 것을 명심하여야 한다.

4.4.3 생활영역의 단계적 구성

노인요양시설의 전체 시설의 공간을 사용 특성을 고려하여 사례적으로 3단계(사적영역-준공공영역-공공영역) 정도로 구분하여 생활공간을 구성하는 것은 입소 고령자들의 일상생활을 보다 안정적이고 질서있게 영위할 수 있게 하는데 도움이 될 수 있다. 장기간에 걸쳐 요양생활을 하는 입소 고령자들의 생활영역별 체류(이용) 특징은 시간이 경과 함에 따라 달라지기도 한다 (표 4-11 참조).

표 4-11. 생활영역별 체재시간의 평균비율 변화 사례[47)]

(단위 : %)

생활영역 / 경과기간	사적영역		준공공 영역	공공 영역
	침대위	침실내		
06개월	2.2	5.5	19.9	72.4
18개월	16.5	2.2	20.9	60.4
평 균	9.3	3.9	20.4	66.4

한편, 노인요양시설 생활영역구성의 가장 기본이 되는 것은 입소 고령자들의 개별공간인 침실이다. 일단의 침실 클러스터와 입소 고령자들이 소그룹으로 공동생활을 영위하게 되는 거점 역할을 하기도 하는 거실을 중심으로 리빙존이 구성된다.

47) 양금석, 치매전문요양시설 공간이용의 시계열적 변화에 관한 연구, 대한건축학회 논문집 계획계, 제19권 11호, 2003.11, p.21

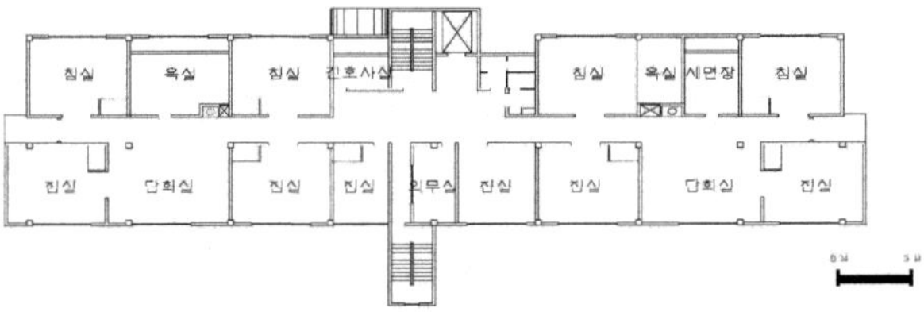

JN요양시설

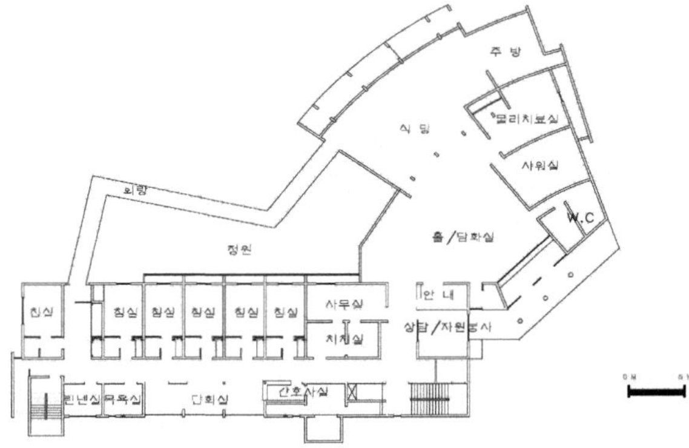

GN요양시설

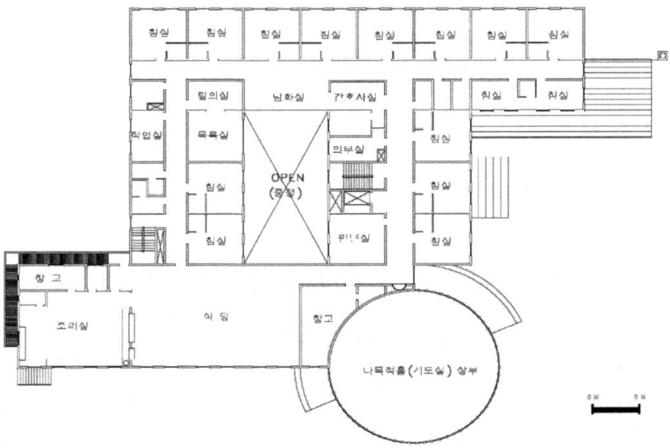

CN요양시설

그림 4-5. 노인요양시설의 평면 사례

또한, 노인요양시설의 평면의 형태는 (그림 4-5)에 나타내는 사례와 같이 일자형, ㄴ자형, ㅁ자형 등 다양하게 구성할 수 있다. 다만, 대부분의 노인요양시설에서는 치매 고령자와 비치매 고령자가 같이 생활하는 특징을 가지고 있다는 점을 배려하여 치매전문요양시설이 아니더라도 치매 고령자의 생활 특성을 충실하게 배려한 계획이 이루어져야 한다. 소수의 치매 고령자가 유발하는 문제행동으로 인하여 비치매 고령자의 요양생활이 저해받는 상황을 최소화하여야 비치매 고령자의 요양생활도 안정된 분위기를 유지할 수 있기 때문이다.

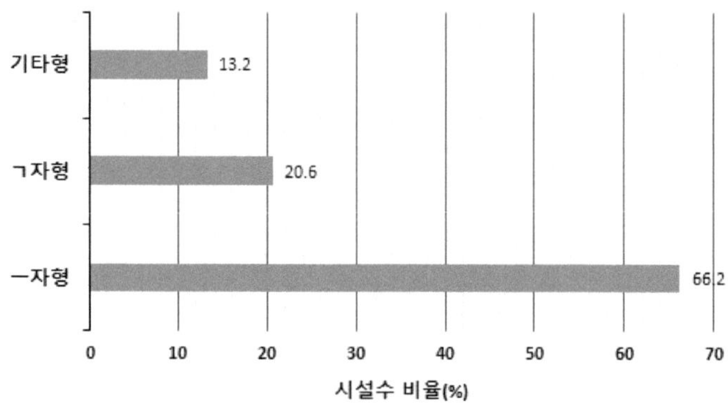

그림 4-6. 경남지역 노인요양시설의 평면형태별 시설분포 사례

노인요양시설의 평면형태별 시설 분포비율[48]은 지역별로 특색이 다르게 나타날 수 있을 것이다. 다만 사례적으로 경남지역 내 노인요양시설 189개 시설을 평면형태별로 구분하여 정리해 본 결과, (그림 4-6)에 나타내는바와 같이 一자형이 66.2%나 되고, ㄱ자형이 20.6%, 기타

48) 양금석, 경남지역 노인요양시설의 공간 특성에 관한 연구, 한국농촌건축학회 논문집 제 23권 4호, 2021.11, p.25

형이 13.2%의 순으로 나타났다. 복도형식은 중복도형이 압도적으로 많은 93.1%나 되며, 편복도형이 5.8%로 나타났다. 대지 조건이나 입소 고령자의 다양한 생활전개가 펼쳐질 수 있도록 개성 있는 요양시설의 평면 구성이 요구된다.

1) 사적영역(Private Zone)

침대를 중심으로 한 개인적인 생활공간이기도 한 침실(부속 화장실이 포함)은 입소 고령자들이 장기간에 걸쳐 요양 생활을 지내는 동안 가장 기본적인 공간이기도 한 곳이다. 따라서, 노인복지법시행규칙에서도 노인요양시설의 침실은 독신용·합숙용·동거용 침실을 둘 수 있게 규정하고 있다. 다만, 남·여 공용인 시설의 경우에는 합숙용 침실을 남·여 각각 구분하도록 하고 있다. 침실은 4인 이하로 정하고 있으며, 침실의 면적은 입소자 1명당 6.6㎡ 이상의 면적을 확보하도록 정하고 있다.

우리나라의 노인요양시설과 유사한 일본의 특별양호노인홈의 경우 입소자 1명당 10.65㎡ 이상[49] 확보하도록 규정하고 있으며, 침실의 정원은 1명을 기본으로 하며, 입소 고령자에 대한 서비스 제공상 필요하다고 인정될 때 2명으로 할 수 있다. 그러나, 우리나라도 생활 수준의 향상으로 주거면적 수준에서도 과거에 비해 크게 개선되었으며, 개성의 존중, 고령자들의 장기간에 걸친 요양 생활 등을 고려하여 1인당 침실 면적의 상향조정이 필요하다.

특히, 1인실인 경우에는 침실 전체가 사적영역의 성격으로 이용되지

49) 일본의 노인복지법, 특별양호노인홈 거실 기준

만, 2인 이상이 공동으로 사용하게 되는 경우는 개인영역을 큐비클 커튼 등으로 구분하면 그 영역 내만 순수하게 사적영역으로 자리매김할 수 있음을 고려해야 한다. 따라서, 2인실 이상의 경우에는 개별적으로 전용성 있게 사용할 수 있는 공간을 최대한 확보하여 개인 소지품을 두거나 취미활동의 공간으로 사용할 수 있도록 하여야 한다.

침실을 다인실로 구성하는 경우, 주간이나 야간에 개인적인 생활을 위해서는 큐비클 커튼을 둘러치게 되며, 특히 야간에 불빛이나 이동, 변기 사용, TV 시청 등 개인적인 움직임이 공동생활하는 다른 고령자에게 큰 영향을 미치게 되므로 이러한 방해요인을 줄일 수 있는 방안이 필요하다. 이러한 이유로 침실을 다인실로 구성하는 경우, 하나의 침실 내에서도 다른 입소 고령자와 공동으로 사용하는 부분은 준사적인 영역으로 자리매김 할 수 있다.

특히, 침실 이용방식을 좌식(온돌)으로 하는 경우 경우에 개개인의 성격이나 특성 등의 영향을 받아 개별적으로 차지하면서 사용하는 영역의 크기에 큰 차이를 보이기도 한다. 따라서 개별적으로 전용성(專用性) 있게 점유하면서 이용하는 공간이 균등하게 확보될 수 있도록 대책을 마련하여야 한다. 결과적으로 다인실 형태로 침실을 공동으로 사용하는 경우에는 개인이 전용적으로 이용할 수 있는 공간은 침대를 중심으로 한 그 주변 공간이 전부일 수 있다는 점을 잊지 말아야 한다.

2) 준공공영역(Semi-Public Zone)

일반적으로 노인요양시설에서 준공공영역은 동일층에서 침실로 구성되는 일련의 침실 클러스터의 입소 고령자들이 침실을 벗어나 공동으로 사용하는 생활영역이라 정의할 수 있다. 준공공영역에서는 텔레비

전 시청, 입소 고령자들 간의 담화, 휴식, 집단으로 진행하게 되는 프로그램 진행, 등이 이루어지게 되는 공동거실과 같은 공간이 설치되고, 일부영역에는 요양동 욕실, 일광욕실, 취미실 등이 설치되기도 한다.

다만, 준공공영역은 해당 영역을 공유하는 입소 고령자의 수를 고려하여 가급적 가정적인 분위기가 유지될 수 있는 8~12명 정도의 규모로 하여 주택과 같은 가정적인 스케일로 형성되도록 하는 것이 바람직하다. 특히, 소규모의 생활영역을 개성있게 형성하는 것은 치매 고령자가 안정적인 일상생활을 영위하는데 도움을 주게 된다. 침실 클러스터가 공유하는 준공공영역의 거실 면적에 대해 우리나라의 노인요양시설에서는 최소 기준을 정해두고 있지 않다. 그러나, 일본의 특별양호노인홈 유닛형에서 공동생활실(공동거실) 규모는 입소정원 1명당 2.0㎡ 이상 확보하도록 하고 있다. 준공공영역에는 주택에서의 거실과 같은 기능을 하는 공용부를 적절한 규모로 마련하여 입소 고령자들의 휴식이나 취미활동, 일광욕 등을 즐길 수 있는 공간으로 활용할 수 있도록 해야 한다.

3) 공공영역(Public Zone)

소규모의 가정적인 규모를 넘어서는 중·대규모의 입소정원을 가지는 노인요양시설의 경우에는 적정 규모 이하로 구분하여 입소 고령자가 그룹별로 준공공영역을 중심으로 요양 생활을 할 수 있도록 고려하여야 한다. 중·대규모의 요양시설의 경우, 이러한 작은 그룹으로 구분된 입소 고령자들이 일과시간 중 준공공영역을 벗어난 공공영역에서 전개되는 다양한 프로그램의 행사에 자율적이고 자연스럽게 참여하도록 해야 한다.

식사나 각종 프로그램의 전개가 매일같이 공공영역 내 대규모 공간에서 획일적인 형태로 이루어지는 것은 노인요양시설의 경영적인 측면에서는 도움이 되겠지만, 입소 고령자의 자율적인 참여와 가정적이고 개성을 고려한 생활전개와는 거리가 멀 수 있다는 점 등을 간과해서는 되지 않는다. 따라서 공공영역에 설치하는 서비스 공간이나 각 실 들은 입소 고령자들의 자율적인 생활전개와 고령자의 생활 특성을 배려하여야 한다.

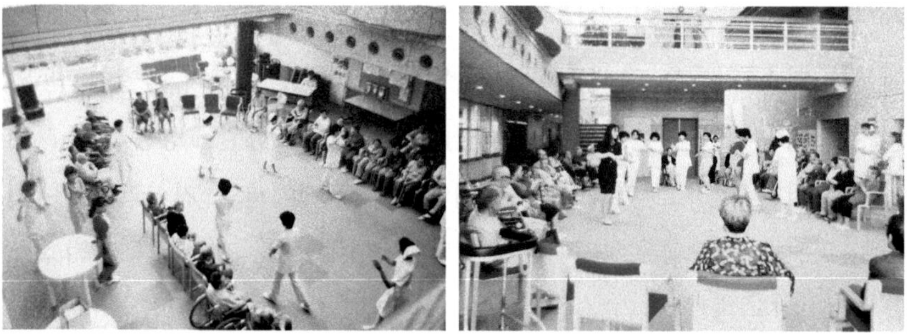

그림 4-7. 노인요양시설 공공영역에서의 프로그램 진행 사례

나아가 공공영역은 노인요양시설을 방문하는 외부인과 함께 사용할 수 있도록 함으로써 입소 고령자들이 지역주민들과의 사회적 관계를 유지하는 교류의 장으로 기능할 수 있게 개방적 공용공간으로의 구성이 중요하다. 따라서, 노인요양시설의 규모에 따라서는 시설 내에 면회실, 커피숍, 도서실, 갤러리, 기도실, 물리치료실 등을 각각 별도로 설치하는 경우, 입소 고령자들 간은 물론이고, 입소 고령자와 인근 주민이나 시설 방문자와의 교류도 이루어질 수 있도록 공간을 배려하여야 할 것이다.

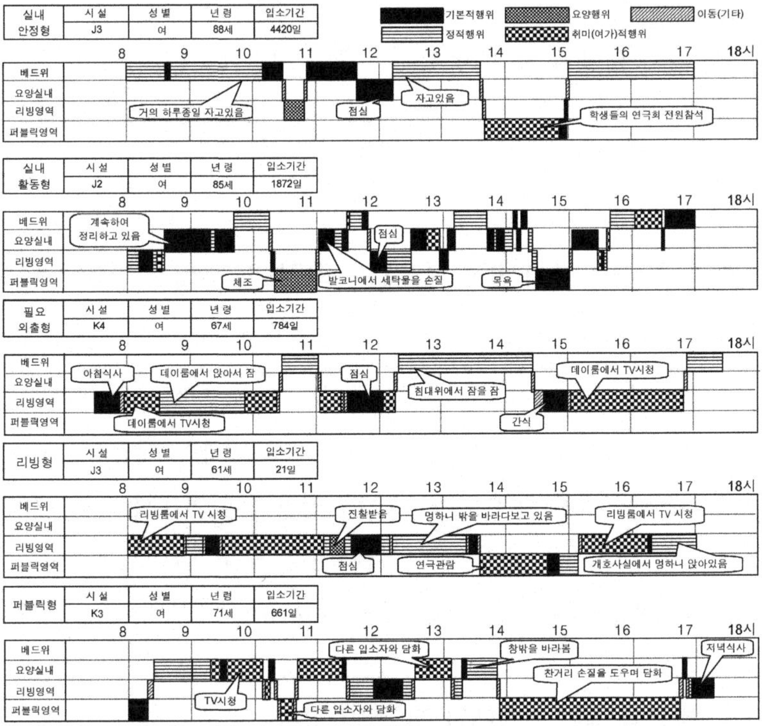

그림 4-8. 체재장소유형별 생활실태의 사례[50)]

노인요양시설의 규모나 운영방침, 케어방식 방식 등에 따라 입소 고령자들의 생활전개 패턴은 다르게 된다. 따라서 입소 고령자의 생활속성은 (그림 4-8)에 나타내는 바와 같이 다양하다는 점을 고려하여 침실을 중심으로 한 사적영역에서부터 침실군별 클러스터의 고령자가 공유하는 준사적영역(리빙영역)은 물론, 요양시설 전체 고령자가 공동으로 사용하는 공공영역(퍼블릭영역)에 이르기까지 개성있는 공간확보가

50) 양금석, 療養施設 入所高齢者의 社會的 行爲에 關한 硏究, 한국농촌건축학회논문집, 제2권 3호, 2000.10, p.18

필요하다. 또한, 아무리 다양한 개성있는 공간이나 설비를 시설 내에 확보한다고 하더라도 운영방침이나 생활서비스 방식이 이러한 공간을 충분히 활용하지 않고 소극적으로 대응하는 방향으로 간다면 입소 고령자들의 요양생활은 단순해지기 쉽다.

4.4.4 프라이버시 보호 : 개인 공간의 충실

치매 고령자들이 자택을 떠나 노인요양시설로 이동하여 생활하게 되면서 경험하게 되는 가장 큰 변화 중의 하나가 시설이라서 존재하는 생활프로그램에 따른 일상생활의 전개와 그로 인하여 개인적인 취향이나 개성 등을 고려한 개별 행위·활동에 많은 제한이 따른다는 것이다. 따라서 입소 고령자의 자율성과 개별성 및 독립성을 보장할 수 있는 생활공간의 형성은 노인요양시설 계획에 있어서 무엇보다도 중요하다.

1) 수면·휴식 공간 : 침대와 그 주변 공간

입소 고령자 개개인이 장기간에 걸쳐 요양 생활을 하는 장소 중 전용성이 가장 높은 사적인 공간이 침대[51]이다. 침대는 고령자의 신체적 조건에 맞추어 사용할 수 있도록 해야 한다. 신체적으로 비교적 건강한 고령자의 경우는 일반형 침대를 사용할 수도 있지만, 신체적 조건이 그렇지 못한 대부분의 고령자는 이동과 보호가 손쉬운 의료용 침대를 사용하도록 하는 것이 생활서비스 제공과 고령자의 일상 생활의 안전을 위하여 유리하다.

51) 좌식의 경우 이부자리(또는 매트리스)를 깔아 취침에 사용하는 공간으로 사용하는 부분

침대 머리 주변에는 상황에 따라 비상시에 이용할 수 있는 긴급 호출 시스템을 갖추고, 위급한 상황이 발생할 때 그 자리에서 대응하여 조치할 수 있도록 일정 수준 이상의 설비 조건을 갖추도록 한다.

또한, 입소 고령자가 ADL을 유지하여 자존감을 지키며 활발한 생활 전개가 이루어지도록 하기 위해서는 기본적으로 침대를 벗어나 생활하는 생활방식을 모든 생활의 기초로 하여야 할 것이다. 입소 고령자의 경우 시설 여건이나 서비스 인력 상황에 따라 받는 영향은 매우 크다. 무엇보다 중요하게 여겨야 할 점은 노인요양시설의 제한된 생활공간의 영향을 받아 침대 위에서 지내는 시간이 많아지면 많아질수록 고령자의 신체적 활동성은 점차 저하된다는 것이다. 따라서, 입소 고령자들이 병원의 입원환자들과는 달리 장기간에 걸쳐 요양 생활을 하게 된다는 점을 고려하여 제한된 범위 내에서라도 침대 주변에 적절한 스페이스를 확보하여 자율적인 활동(취미 등)이 가능하게 하도록 하면 고령자들은 일상에서 보람을 찾게 되고, 침대를 벗어나 지내는 시간을 많게 하는 계기를 제공하게 된다.

1인용 침실

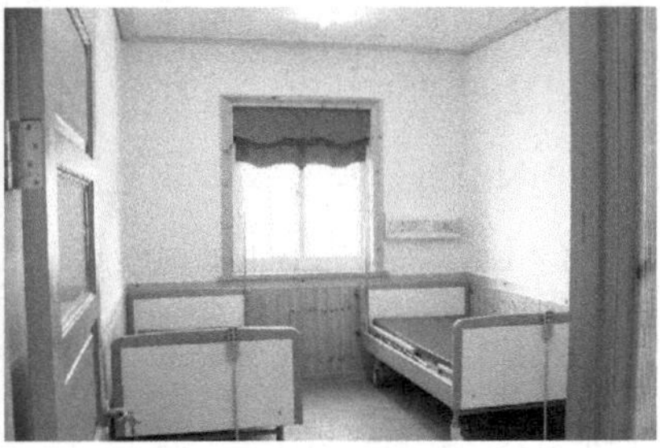
2인용 침실

그림 4-9. 노인요양시설의 1-2인용 침실 사례

4인용 침실

좌식 침실

그림 4-10. 노인요양시설의 4인용 입식 침실과 좌식 침실 사례

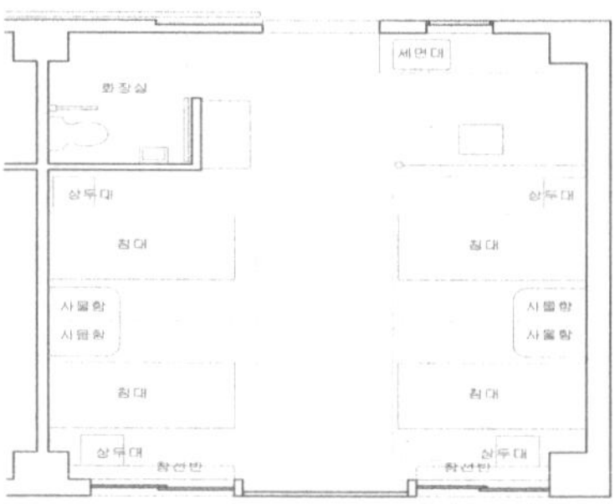

4인용 침실 평면

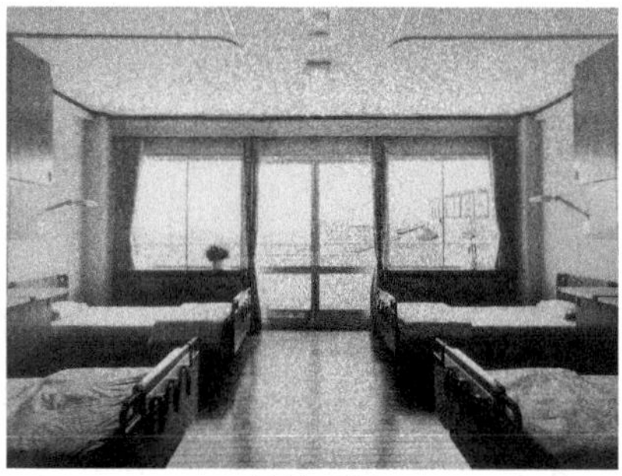

침실 내부

그림 4-11. 노인요양시설의 침실(4인용) 사례

침실을 2인 이상이 함께 사용하는 경우는 개별 생활을 존중하여 개별영역을 구분 지을 수 있는 커튼이나 기타 조치가 반드시 필요하다. 1인용 침실의 경우, 기본적으로 침대의 치수를 1,000mm×2,000mm로 가정했을 때, 침대와 벽 사이는 휠체어가 들어갈 수 있도록 최소 900mm의 공간을 확보하고, 다른 쪽은 케어 스탭이 휠체어와 함께 침대에 접근할 수 있도록 최소 1,500mm의 스페이스를 확보하여야 한다. 중간복도 부분은 케어 스탭이 휠체어를 회전시킬 수 있도록 최소 1.800mm의 스페이스를 확보하여 케어가 원활하게 이루어질 수 있도

록 할 필요가 있다.

이와 같이 입소 고령자의 행위 및 케어 스탭의 활동치수 등을 바탕으로 침실을 계획한다면 입소 고령자 1인당 침실 면적은 1인실은 12.92㎡, 2인실은 10.07㎡와 9.86㎡, 4인실은 7.66㎡[52]로 나타나 현재 노인복지법상 제시되어 있는 6.6㎡보다는 상향되어야 한다는 것을 알 수 있다.

입소 고령자 가운데는 일반적인 침실 조건에서의 생활을 불편해 하는 경우도 있다. 예를 들면, 침실의 사용방식을 전통적 생활방식인 좌식(온돌)으로 할 것인가? 입식(침대식)으로 할 것인가? 하는 문제이다. 계획단계에서 검토가 필요하다.

1인이 사용하는 침실의 경우에는 입소 고령자의 취향과 신체적 조건 등을 고려해야 하지만, 서비스 제공 측면의 편의성도 고려하여 결정해야 한다. 다만, 침대 사용 시 낙상의 우려가 있는 경우에는 좌식(온돌식)이 적절할 수도 있다. 이 경우는 개인의 취침 공간이 다양한 일상생활 전개에 지장을 초래하거나 비위생적일 수도 있다는 점을 고려해야 한다. 그러나, 침실 사용방식이 좌식(온돌식)으로 2인 이상이 공동으로 거거하는 경우, 개개인의 절대적인 전용영역(專用領域)을 확보해 주기 어려운 문제가 발생할 수 있다. 치매 고령자의 문제행동으로 예상하지 못한 돌발상황이 초래되는 것을 방지하기 위해서는 침실 내에 길게 늘어뜨린 줄, 심하게 돌출된 부분 등은 없도록 하여야 한다.

52) 권순정외 5명, 노인요양시설의 적정 침실 면적에 관한 연구, 한국의료복지시설학회지 14권 3호, 2008.08, p.21

(1) 사물의 수납·관리 공간

고령자의 프라이버시를 확보하여 안심감을 높이기 위하여 사물은 가능한 한 본인의 주변이나 가까운 특정 장소에 수납해 두도록 한다. 정리나 관리도 가능한 부분은 고령자 본인에게 맡겨 두도록 한다. 스탭이 직접 손대지 않아도 설명이나 유도가 있으면, 스스로 정리나 관리가 가능한 고령자 많다. 수납장소로는 선반이나 락커, 상두대 등이 있지만 특별한 장소가 아니라도 작은 상자나 의류 상자 등을 활용하여 가까이에 두도록 하는 것이 좋은 고령자도 있다. 침대 주변은 사물을 두고 개인의 취미활동이나 여가시간을 보내면서 정체성을 회복하는 공간의 역할도 하기 때문에 장기간에 걸친 요양생활을 고려하면 여유로운 스페이스 확보가 필요하다.

2) 배설 공간 : 화장실

노인요양시설 내에서 화장실은 실패나 장난, 사고 등의 문제가 일어나기 쉬운 장소이다. 사전에 그러한 원인을 제거하여 문제를 미연에 방지하도록 하여야 한다. 또, 치매 고령자라 하더라도 자력으로 배설할 수 있도록 설비나 대응 방법을 모색해 두어야 한다.

(1) 화장실의 위치와 표시

공용화장실의 경우, 위치나 표시가 눈에 잘 띄고 알기 쉬운가? 실제로 고령자의 시점에서 점검할 필요가 있다. 또한, 남성·여성의 심볼이나 변소 등의 문자로 표시하는 방법을 사용하여도 좋다.

바람직한 방법으로는 화장실이 각 침실에 부속하는 형태로 배치하는 것이며, 이 경우에 소변이나 대변의 유도가 자연스럽게 이루어질 수 있다. 다만, 그러한 경우 치매가 중증(重症)인 고령자인 경우에는 화장실 변기에서 세면을 한다든가 물을 흩뿌린다든가 할 수도 있기 때문에 주의가 필요하다.

침실 부속 화장실을 설치하게 되면, 고령자들의 침대 위에서나 침대 옆에의 배설(소변, 대변) 행위를 줄이고 고령자의 ADL을 유지하는 데도 도움이 될 수 있다. 부속 화장실 이외에도 침실 클러스터별 또는 공공영역에 공동화장실을 확보하는 것은 일과시간 중에 입소 고령자들이 자유롭게 접근, 이용할 수 있게 하며, 케어 스탭이 고령자의 생활리듬에 맞추어 생활 서비스를 제공[53]하는 데도 도움이 된다. 다만, 운영측면 만을 지나치게 강조하여 공공영역에 집중된 화장실만 설치하는 것은 바람직하지 못하다.

침실 부속 화장실의 변기 주변에 충분한 스페이스를 확보하여 휠체어 이용 고령자의 접근이 용이하게 하고, 요양보호사의 케어를 필요로 하는 경우 효과적으로 대응할 수 있는 공간이 되도록 하여야 한다.

준공공영역이나 공공영역의 화장실 내부나 인접한 곳에 기저귀 갈이 공간을 설치하는 것은 입소 치매 고령자들의 생활 리듬을 배려한 서비스 제공에 유리하다. 개별 고령자의 생체리듬을 일정기간 체크하거나 센스를 이용하여 데이터에 기반한 배설 케어를 실시하게 되면 고령자들의 자존심도 지킬 수 있게 되며, 스탭들의 케어 부담도 줄일 수 있다.

다인용 침실에 부속적으로 설치된 화장실의 변기나 세면기 사용에 따른 소음을 일정 수준 이하로 줄이고, 사용 후 처리 실수로 인한 냄

53) 생활 서비스를 지나치게 입소 고령자의 생활 리듬에 맞추다 보면 자칫 방임의 형태가 되기도 하므로 주의가 필요하다.

새가 침실로 확산하는 것을 방지할 수 있도록 적절한 환기 장치(방식)을 사전에 검토하여야 한다. 침실 부속 화장실은 물론 요양동 화장실에서도 배설 후 냄새가 남지 않도록 적절한 환기장치(설비)를 갖추거나 외기에 직접 면한 환기창을 설치하는 등의 고려는 중요하다.

화장실 여닫이 문 설치　　화장실 출입부분 무단차

그림 4-12. 침실 부속 화장실의 설치 사례

또한, 신체적으로 허약한 입소 고령자의 안전한 사용을 위해 보조대를 충실하게 갖추어야 하며, 24시간 불특정한 시간에 사용하게 되는 공간임을 고려하여 사용 시 미끄러짐을 방지할 수 있는 바닥마감재를 계획하여야 하며, 휴지, 수건 등을 충분히 수납할 수 있도록 수납공간 확보가 중요하다. 다인실 부속 화장실의 경우 물 내리는 소리가 다른 입소자의 생활에 방해를 초래하기도 하므로 조용한 방식을 채택하여야 한다.

(2) 화장실의 설비에 관한 고려

화장실의 양식 변기 위에 올라가는 사람이나 양식 변기 사용을 싫어하는 사람도 있을 수 있기 때문에 공용화장실의 경우는 양식과 재래식 모두 설치하는 것이 좋을 수도 있다. 양식 변기의 경우, 뒤쪽으로 걸터 앉는 것을 무서워하거나 그 방향에 익숙하지 않은 고령자도 있다. 그럴 때 앞쪽으로 향한 채로 양식 변기에 걸터 앉는 방식이라면 자연스럽게 되기도 한다. 걸터앉는 자세를 취할 때 잡을 수 있는 위치(앞쪽)에 손잡이를 설치해 두면 안전하고, 유도하기도 쉽다.

고령자가 선 채로 바지류를 내리거나 올리는 것을 케어하거나 뒤처리를 케어하는 일이 많기 때문에 선 자세에서 잡을 수 있는 위치에 손잡이가 필요하다. 배설 후, 물을 내리지 않는 고령자도 많기 때문에 센서로 자동적으로 물리 흘러내리도록 하는 장치가 있으면 비교적 편리하다. 물을 흘러내리게 하는 보턴이 바닥에 있어서 밟으면 물을 내리는 형식도 있는데, 간병인에게 있어서 양손으로 케어하면서 물을 내릴 수 있어서 편리하다. 타월이나 귀저기, 갈아입을 옷 등을 화장실 내에 항상 구비하여 두는 수납장소를 설치해 두면 편리하다. 또한, 고령자가 배설행위를 하다가 도움을 요청해야 하는 상황이 발생하거가 긴급 상황이 발생하는 경우 도움을 요청할 수 있도록 비상호출버턴을 설치할 필요가 있다.

(3) 화장실의 물품에 대한 고려

화장실 휴지를 떼어 변기에 던져넣는다든가 본인의 침실로 가져가는 행동을 보이는 경우 휴지가 떨어지지 않도록 끈 등을 이용하여 잡아매어 둘 필요가 있다. 화장실용 세제, 청소 용구 등은 눈에 잘 띄지 않는 곳에 모아 보관하면 치매 고령자가 변기에 던져넣거나 먹거나 하는 행동에 대한 대책이 되기도 한다. 겉 포장이 되어 있는 방취제(防臭劑)를 사용하는 경우도 잘 보이는 손이 닿지 않는 곳에 두도록 주의한다.

3) 청결유지 공간 : 욕실

노인요양시설 입소 고령자의 건강 유지와 분위기 전환에 중요한 역할을 하는 것이 목욕이다. 가장 좋은 것은 자력으로 목욕을 즐길 수 있도록 하는 것이지만, 입소 고령자들의 대부분은 자력으로 자유욕을 즐길 수 없는 상태이다.

노인요양시설의 욕실은 신체적 조건에 따라 자유(자립)욕, 반자유(부분케어)욕, 기계(완전케어)욕으로 구분하여 서비스를 이용할 수 있도록 하여야 한다. 혼자서 목욕을 할 수 있는 고령자는 자존감을 유지할 수 있도록 하되, 부득이하게 케어스탭의 서비스가 부분적으로 필요한 고령자나 와상상태로 목욕시 완전케어가 수반되어야만 하는 고령자를 위해서는 기계욕실까지 갖추게 되면 케어스탭의 업무 효율성도 기대할 수 있다.

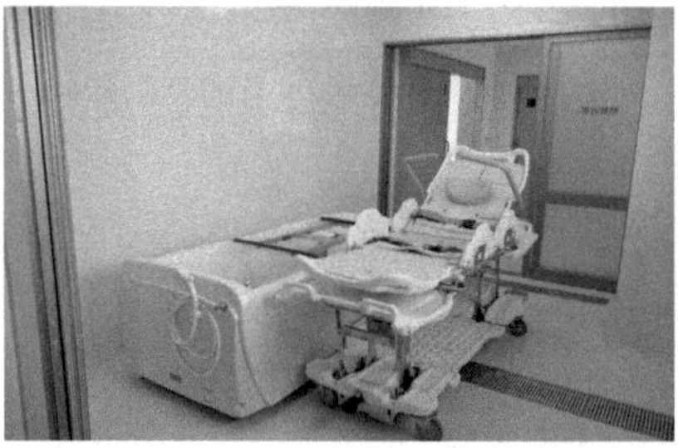
기계욕실

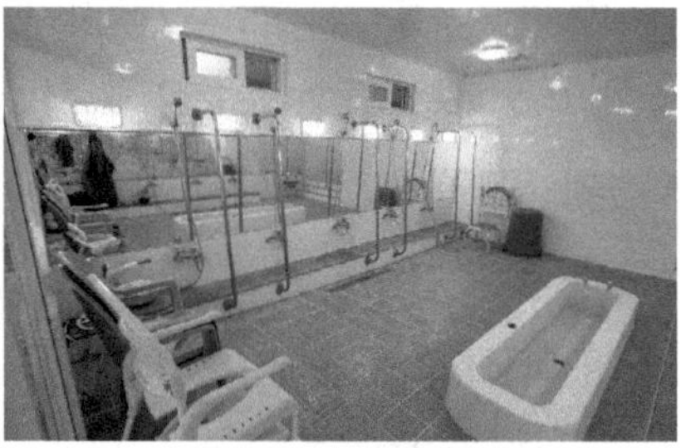
자유/부분케어욕실

그림 4-13. 욕실의 설치 사례

욕실의 위치는 노인요양시설의 규모나 여건에 따라 침실에 속한 침실클러스터를 벗어난 영역에 설치하는 것이 일반적인 방법이다. 자유욕실이나 반자유욕실은 요양동 또는 준공공영역에 별도로 설치하기도 하지만, 완전케어를 필요로 하는 입소 고령자를 위한 기계욕실은 공공 영역에 설치하여 운영하는 것이 합리적이다. 또한, 자유욕실이나 반자유욕실은 시설의 규모에 따라서는 남·녀로 구분하여 고정적으로 이용할 수 있도록 하거나 또는 요일에 따라 남·녀로 구분하여 가변적으로 이용하는 방법도 가능하다. 나아가 욕실 이용 전후에 필요한 대기공간, 탈의공간, 목욕 후의 휴식공간은 시설의 정원 규모를 고려하여 쾌적한 수준이 유지되도록 하여야 한다.

4.4.5 사회적 관계 유지를 위한 입지와 공간

노인요양시설 입소 고령자들의 사회적 관계의 유지는 고령자의 신체적 건강뿐만 아니라 정신적 건강의 유지를 위해서도 긍정적인 영향을 미친다고 보고 있다.

사회적 연결(social integration) 및 사회적 스트레스(social stress) 해소는 노인요양시설 입소 고령자의 경우 더욱 필요하다. 사회조직, 종교활동 등에 참여하여 사회적 상호교류를 통해 개인의 심리적 문제를 해결하거나 노년기의 사회적 격리감과 무력감을 해소하고 심리적 안정을 도모하며 궁극적으로 정신건강을 유지하게 할 수 있다.

사회적 지원(social support), 사회·심리적 치유 능력(coping and social-psychological resources)은 건강에 긍정적인 영향을 미치고 있으며, 고령자와 같이 심리적으로 위축되어 있는 사람들에게는 더욱 중요하다. 따라서 노인요양시설의 계획에 있어서 고령자들의 건강에 좋지 않은 영향을 미치는 잠재적 요인을 해소할 수 있도록 프로그램을 전개하거나 사회적 지원활동을 전개할 수 있는 다양한 공간의 확보가 중요하다.

표 4-12. 치매노인의 연도별 사회적 행위의 전개시간[52] 사례

조사 연도	치매 노인	치매 정도	교류시간 (sec)					
			의사	간호사	요양 보호사	다른 입소노인	기타 (물리치료사)	계
2003	C-1	약함	0	350	607	2,439	0	3,396
	C-2	중간	0	123	319	1,302	119	1,863
	C-3	약함	0	50	6,405	4,565	0	11,020
	C-4	중증	0	0	2,190	0	0	2,190
	C-5	약함	0	0	1,500	85	0	1,585
	평균시간 (min)		0.00	1.74	36.74	27.97	0.40	66.85
	평균시간 비율(%)		0.0	2.6	55.0	41.8	0.6	100
2005	C-1	약함	0	172	6,229	223	3,644	10,268
	C-2	중간	0	170	1,425	53	0	1,648
	C-3	약함	0	25	1,726	5,540	900	8,191
	C-4	중증	0	0	5,078	0	0	5,078
	C-5	약함	0	75	5,385	105	785	6,350
	평균시간 (min)		0.00	1.47	66.14	19.74	17.76	105.11
	평균시간 비율(%)		0.0	1.4	62.9	18.8	16.9	100

사회적 관계의 유지를 위한 공간으로서 한정하는 것은 어렵지만 여기서는 노인요양시설의 입지, 요양시설 내부에서 식사 공간, 개인 취미 활동 공간, 각종 프로그램실 등을 범주에 넣어 다루기로 한다.

노인요양시설에서 주간 생활시간대에 전개되고 있는 입소 고령자들의 사회적 관계 유지를 위한 행위의 평균 시간을 사례적으로 살펴본 결과는 (표 4-12)에 나타내는 바와 같다. 동일 시설에서 기간이 경과한 뒤 사회적 행위의 총 시간이 증가한 것을 나타났다. 물론, 개인적으로는 사회적 행위의 전개 시간에 있어서 편차가 크지만, 사회적 교류의

54) 양금석, 노인전문요양시설 치매노인의 공간이용패턴에 관한 연구, 한국농촌건축학회논문집, 제8권 2호, 2006. 06, p.44

상대가 되는 첫 번째는 요양보호사이고, 그다음이 다른 입소 고령자라는 것을 알 수 있다. 이와같이 생활 프로그램이나 공간구성에서 요양시설 내 구성원이나 방문자 또는 외부인과의 사회적 교류를 증대할 수 있는 기본적인 여건을 형성하는 것이 중요하다.

1) 대지 선정 및 계획

노인성 질환을 지닌 고령자의 요양시설 선택에 있어서 시설의 위치는 중요한 요소이기도 하다. 노인요양시설의 다양한 입지는 시가지형, 근교·전원형, 산지형, 수변형 등으로 구분할 수도 있다. 그러나 노인요양시설 이용자인 입소 고령자와 가족 등의 입장에서는 주거지나 주거지로부터 가까운 위치에 입지하는 것이 입소 고령자의 사회적 관계 유지에는 유리하다.

또한, 노인요양시설의 계획 규모나 설립 주체 등에 따라 단독으로나 복합하여 계획되기도 한다. 단독으로 건축되는 경우는 인접한 지역의 의료 시설이나 복지시설과의 협력체계 구축을 고려하여야 할 것이다. 그러나, 모체가 되는 기관(시설)이 별도로 있고, 노인요양시설 건축을 계획하는 경우에도 단독으로 가능하겠지만, 다른 기능과 복합화하여 계획하는 것이 용이하다. 일반적인 노인요양시설 이외의 복지시설이나 근린생활시설, 의료시설 및 종교시설 등의 공간과 복합적으로 구성하고 있다. 따라서 노인요양시설의 공간 형태나 제공하고자 하는 복지서비스의 특징에 따라서 대지의 선정 위치는 영향을 받는다.

또한, 노인요양시설을 대지의 어떤 위치에 세울 것인가 하는 것 또한 중요하다. 입소 고령자들이 시각적으로나마 바깥세상과 연계를 가질 수 있도록 하기 위해서는 노인요양시설의 거실을 도로를 향하도록 배치하는 것 하나의 방법이다.

그렇기 때문에, 노인요양시설의 계획은 대지(입지)를 선정하는 단계부터 시작된다고 할 수 있다. 사례적으로 경남지역에 설치, 운영되는 있는 노인요양시설을 입지특성에 따라 시가지형, 근교·전원형, 산지형, 수변형 등 4가지 유형으로 구분하여 분석한 결과, 노인요양시설 수 비율에 있어서는 근교·전원형 48.1%, 시가지형 22.8%, 산지형 21%, 수변형 7.4%의 비율로 나타났다[55]. 그러나, 입지유형별 노인요양시설 수의 비율은 지역에 따라 달라질 수도 있다 (표 4-13 참조).

표 4-13. 경남지역 노인요양시설의 입지유형별 시설 수

입지유형		시설수(%)	정원수(%)
시가지형		43(22.8)	2,067(20.3)
근교·전원형		91(48.1)	4,577(45.0)
산지형		41(21.7)	2,603(25.6)
수변형	해변	8(4.2)	704(6.9)
	강변	2(1.1)	71(0.7)
	저수지변	4(2.1)	154(1.5)
합계		189(100)	10,176(100)

2) 식사 공간 : 식당

치매 고령자의 경우 노인요양시설 입소 초기에 안내받아 배정된 식당의 자기 자리를 고집하는 특징을 보이기도 하므로 서비스 제공에서는 세심한 주의가 필요하다. 식사는 입소 고령자들이 일상생활을 하는

55) 양금석, 경남지역 노인요양시설의 공간 특성에 관한 연구, 한국농촌건축학회논문집, 제23권 4호, 2021.11, p.23

데 있어서 건강 유지를 우해 필수적인 행위이기도 하다. 또한, 식사 행위는 침대를 벗어나서 일상의 시간을 지낼 수 있는 기회이기도 하며, 시설에 입소해 있는 다른 고령자들과의 사회적 관계를 갖게 하는 매개적 역할을 하기도 하여 매우 중요하다.

고령자들이 자택에서 지내던 긴 세월 동안 경험해왔던 일상의 식사 행위는 소규모의 가족적인 분위기에서 진행되어 왔다. 그와 같은 특성을 고려하여 10명 내외의 그룹으로 하여 식사 공간을 공용하도록 하는 것이 바람직할 것이다. 노인요양시설의 정원 규모가 50명 정도를 넘어 중·대규모가 되면 운영상의 효율을 중시하여 대단위 단일 공간에서 집단적으로 식사를 하도록 하는 경우가 많다. 그러나, 집단적으로 단일장소에 모여서 대규모로 식사를 하는 것은 일상적인 형태로 바람직하지는 않다. 따라서 이와 같이 대연회와 같이 집단적으로 이루어지는 행위가 많을수록 '시설적'이라는 평가를 하게 된다.

따라서, 보행 자립이 가능한 고령자, 휠체어 이용 고령자와 같이 개별 고령자의 신체적 특성을 고려하여 식사공간에서의 자리 배정에 문제가 일어나지 않도록 신중을 기해야 할 것이다.

식사 장소는 침실에서 일정 거리 이상 떨어진 곳에 마련하여 침식분리(寢食分離)를 통한 기분전환 도모와 이상(離床)을 촉진시켜 고령자의 건강을 유지하도록 배려하여야 한다. 와상상태 정도는 아니지만, 별도의 식사실 이용이 상당히 어려운 고령자의 경우에는 침실 내에서 식사를 하게 하더라도 침대 위를 벗어난 장소(침실 내)에서 식사를 할 수 있도록 할 필요가 있다. (문제행동이나 식사시간이 지나치게 시간이 걸리는 경우는 별도로 개별 장소에서 식사를 할 수 있도록 배려해야 한다.) 와상상태로 지내는 고령자의 경우에는 침대에서 식사를 할 수 있도록 고려하고, 케어스탭이 서비스를 적절하게 제공할 수 있도록 한다.

노인요양시설의 규모나 운영방침에 따라 식사 공간의 분산배치나 집중배치 등을 면밀하게 검토하고, 조리실(주방)도 이와 연계하여 효율적으로 기능하도록 계획하여야 한다.

소그룹으로 구분하여 식사

대형 식사실에서 함께 식사

그림 4-14. 식사공간의 설치 사례

3) 입소 고령자의 건강과 정체성 유지를 위한 활동 공간

노인요양시설 입소 고령자의 요양 생활 중 부득이하게 단체로 진행하는 생활 프로그램 외에도 개인이 자율적으로 실시하는 취미활동을 전개할 수 있는 적절한 공간을 확보하여야 한다. 예를 들면, TV 시청이나 라디오 청취를 위해서는 침실 내(침대위, 침실내)에서 개별 시청에 어려움이 없도록 해야 한다. 마찬가지로 준공공영역 또는 공공영역 내의 휴게실 거실 등에서도 TV시청 시 다양한 방송 내용을 선택하여 즐길 수 있도록 하여야 한다.[56] 현실적으로는 많은 노인요양시설의 경우 대형 TV가 1대만 설치된 경우가 많아서 방송 채널의 선택 여지가 거의 없는 형

56) 많은 사례의 노인요양시설에서는 준공공영역이나 공공영역에서 시청할 수 있는 TV도 제한적인 대수를 설치하고 있어서 선택의 여유가 그다지 없는 실정이다.

편이다. 편지쓰기, 책이나 신문읽기 등은 침실 내에서도 가능하게 하고, 공공영역 내의 도서 공간이나 준공공영역 내의 복도 부분과 연계하여 설치된 엘코브 공간 등은 자유롭게 접근하여 이용할 수 있게 하여야 한다.

한편, 준공공영역이나 공공영역에 정보이용 등을 위한 매체를 갖춘 공간을 확보하면, 비치매 고령자들의 자율적 이용을 통해 보다 안정적인 요양생활과 사회적 관계의 유지에 도움이 될수 있다. 치매 고령자들의 문제행동의 완화(또는 안정)를 위해서는 문제행동 유발의 원인을 잘 파악해 대처해야 하겠지만, 반려동물이나 반려식물을 가까이 할 수 있게 하는 것도 입소 고령자(치매 고령자)들의 정서 유지에 도움이 될 수 있다. 따라서 침실이나 준공공영역에 이러한 취미공간을 배려하는 것이 필요하다.

IT기기를 이용한 사회적 교류

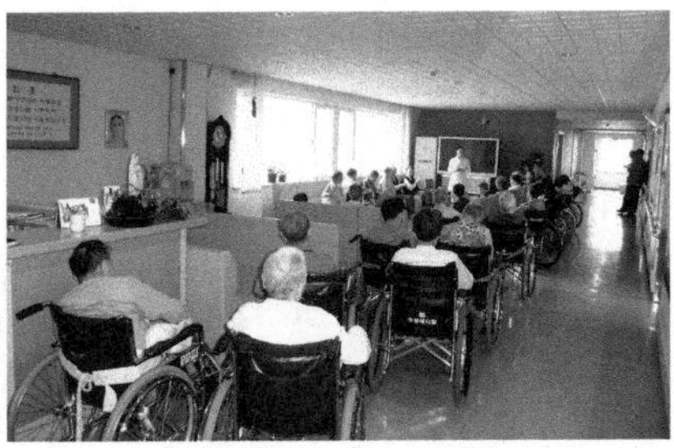

데이룸에서의 프로그램 참여

그림 4-15. 취미활동 전개 공간의 사례

나아가, 노인요양시설의 대지 규모가 여유가 있는 상황이라면 중정이나 텃밭을 조성하여 치매 고령자의 원예요법에도 이용하고, 비치매 고령자들의 취미활동 공간으로도 활용하는 것은 유효한 방법이다. 더욱 중요한 것은 다양한 개성을 지닌 입소 고령자들을 위해서는 요양시설 내에 소규모의 다양한 특성의 공간을 여러 곳에 설치하는 것이 대규모 공간으로 획일화하여 설치하는 것보다 유리하다는 것이다.

4) 각종 프로그램 관련 공간

노인요양시설에 이루어지는 각종 생활 프로그램은 사회활동 관련 프로그램, 기능강화를 위한 프로그램, 문화·예술 관련 프로그램, 시설 행사, 종교활동 등 아주 다양하다.

중정 조성 사례

휴게공간에 도예작품 전시

그림 4-16. 취미활동 전개 공간의 사례

(1) 사회활동 프로그램

입소 고령자 교육·상담 프로그램, 레크리에이션·오락프로그램, 취미활동 프로그램(단체로 실시하는 각종 프로그램) 등을 진행할 수 있는 스페이스를 시설 규모에 맞추어 적절하게 확보하여야 한다.

(2) 신체적 기능 강화를 위한 프로그램

물리치료, 작업치료, 건강검진, 수치료, 일광욕 등을 위한 공간은 노인요양시설에서 자율적으로나 공동으로 전개하는 프로그램에서 이용하는 대표적인 공간이다. 이들 공간에서 인지기능 향상 프로그램(기억력향상, 지남력 훈련 등) 이나 운동 및 신체 부위별 특수 체조 등을 실시하여 건강을 유지, 회복할 수 있도록 적절한 면적과 기구를 갖추어야 한다.

(3) 문화·예술활동 프로그램

문예적 활동, 음악적 활동, 연극 활동, 미술·공예·도예 활동 등을 위한 공간을 확보하여 입소 고령자의 정신적 안정을 유지하는데 적극 이용할 수 있도록 한다.

(4) 행사프로그램

노인요양시설의 내·외부에서 체육대회, 민속절기 행사, 생일잔치 행사 등을 실시 가능한 공간이 필요하다.

(5) 종교활동 프로그램

노인요양시설의 규모가 중규모 이상인 시설에서는 시설 내에 종교활동공간을 확보하도록 하고, 설치가 어려운 경우는 인접한 종교시설의 이용이 가능한 생활 프로그램의 운영이 필요하다.

표 4-14. JN노인요양시설의 생활프로그램 사례

(2020년 9월)

요일 구분	월	화	수	목	금
치매 프로그램		동화책읽기 감정카드놀이 세상뉴스전하기 쪽쪽이놀이	색칠하기 웃음운동	볼링놀이 컵쌓기 투호놀이 젠가놀이	비누방울놀이 풍선놀이 뽁뽁이놀이 풍선배구
여가 프로그램	음악감상 생활체조 발맛사지	음악감상	음악감상		산책 매니큐어 칠하기

그림 4-17. 노인요양시설 내 종교 활동 공간 설치 사례

중·대규모 노인요양시설인 경우, 많은 입소 고령자 가운데 그들의 종교도 다양하다는 점을 인식하고, 예배실(기도실) 등의 종교활동 공간을 마련하면 종교활동을 가능하게 하고 이를 통하여 고령자들의 정서적 안정 도모에 도움이 된다.

많은 노인요양시설에서는 개별 시설별로 특색을 강화하고자 하는 방향에 맞추어 다양한 프로그램 전개가 가능한 공간을 확보하여 이학요법, 작업치료요법, 음악치료, 물리치료 공간[57] 등으로 사용하고 있다.

4.4.6 알기 쉬운 통로 형성 : 치매 고령자의 문제행동을 수용하는 공간

입소 고령자의 신체적, 정신적 특징이 매우 다양하다는 것을 이해하고, 개별 고령자에게 맞추어 적절하게 치료, 요양서비스를 제공할 수 있도록 쾌적한 요양환경을 갖추어야 한다. 고령자들은 자연적 가령과 함께 인지 능력과 기억력 등이 감퇴하여 젊은이들보다 길 찾기 문제

57) 노인복지법시행규칙에서는 개별 서비스 공간의 기준은 실수기준으로 제한을 두고 있다. 향후 개별 서비스 공간의 충실한 확보가 바람직하다.

는 안정적인 일상생활을 영위해 감에 있어서 매우 중요하다. 무엇보다도 노인요양시설을 치유적 환경으로써 건축환경을 어떻게 만드는가에 따라 치매 고령자의 길 찾기에 도움을 줄 수도 있고, 반대로 어려움을 초래할 수도 있다.

특히, 치매 고령자의 문제행동 중의 하나인 배회 행동의 특성을 고려하여 길 찾기(way finding)가 쉬운 공간 구조로 통로를 형성하여야 안정적인 생활을 도모할 수 있다. 노인요양시설의 공간을 계획할 때, 복잡한 복도 형태나 이해할 수 없도록 애매하게 디자인된 표지는 요양시설 내 공간정위에 혼란을 초래시킬 수도 있다. 건축환경에서의 길 찾기 개념을 도입하여 구성하고 확인하는 다음의 5가지 요소[58]가 있다.

1) 내가 어디에 있는지를 아는가?
2) 어디로 가고자 하는지 아는가?
3) 가고자 하는 곳까지 가야 하는 길을 아는가?
4) 가고자 했던 곳에 도착하였는지 아는가?
5) 다시 돌아가고자 하는 방법을 아는가?

이와 같은 길 찾기 개념의 5가지 요소는 노인요양시설 입소 고령자의 공간인지능력과 공간을 인지하도록 도움을 줄 수 있는 건축적 장치나 디자인과 긴밀한 관련이 있다. 이러한 관계는 노인요양시설뿐만 아니라 일반건축물에서도 중요한 내용이다.

58) 이관용, 노인건축-한국과 미국을 중심으로-, 세진사, 2003, pp.192-193

노인요양시설에서 요양 생활을 하면서 하루하루를 지내는 대부분의 치매 고령자는 정신장애를 가지고 있으며, 배회와 같은 문제행동을 보이는 경우도 있다. 따라서 치매 고령자가 생활하는 요양시설을 디자인하는 경우는 입소 고령자 개개인의 사적인 생활 보호와 인간적인 존엄성을 지킬 수 있도록 건축환경을 창조해야 한다.

치매 고령자의 배회하는 문제행동을 수용하고, 시설 내에서 같이 생활하는 다른 입소 고령자들의 생활 안정을 위해서도 배회하는데 방해되지 않고 시설 내에서 길을 잃지 않도록 내부에 순환 통로를 만들거나 배회를 방지하는 다양한 장치를 설치하는 등의 디자인 방법을 고려해야 한다.

또한, 요양시설 계획 시 비치매 고령자나 치매 고령자의 행동특성을 고려하여 보행 시 고령자의 주요 시선이 아래로 향하는 점을 고려하여 시설 내에서의 사인이나 안내표지도 이러한 고령자의 행태 특성을 반영한 위치에 계획하여야 한다.

노인요양시설과 대지 내 어디서든지 입소 고령자 자신이 현재 어디에 있는가를 인식할 수 있도록 배려하는 것이 중요하다. 노인요양시설 내부 순환통로나 복도를 계획할 때는 외부공간이 보이도록 하면 건축적 측면과 심리적 측면에서 입소 고령자가 길을 찾는데 도움을 주게 된다.

외부공간을 통해서 그때의 시간과 날씨를 확인할 수도 있어서 복도 측면에 창문을 계획하는 것이 좋다. 복도의 끝 부분에는 입소 고령자들이 삼삼오오 모여앉아 담소할 수 있도록 조그마한 알코브공간을 만드는 것이 좋다.

노인요양시설의 평면은 순환 시 회전하는 각이 많은 건물이 되면 길 찾기에 혼란을 가중시킬 수도 있다. 평면 형태는 단순하고 직선적이며, 직각 적인 건축물에서 길 찾기의 혼란이 줄어든다. 길 찾기의 보조적 수단을 사용하는 사인이나 안내표지판은 고령자가 쉽게 읽을 수 있도록 하고, 랜드마크적인 디자인 요소나 장식품을 설치하고, 개인적으로 이용할 수 있는 발코니 같은 장소를 제공하며, 조명의 밝기, 바닥 마감 재료, 청각적 요소나 후각적 요소를 배려하는 것이 좋다.

1) 배회(徘徊, Wandering)를 위한 공간의 확보

치매 고령자의 문제행동 중 배회에 대한 대응의 기본은 배회하기 쉽도록 하여 움직임을 제지하지 않는 것이다. 그러한 대응을 가능하게 하기 위해서도 충분히 배회할 수 있는 안전한 스페이스를 만드는 것이 필요하다. 그러한 의도를 반영하여 설계한 긴 회랑을 갖춘 요양시설도 많다.

그림 4-18. 치매 고령자의 침실 주변 장식 사례

배회용의 특별한 공간 구조를 만들기 어렵다면, 플로어나 복도, 베란다, 옥상, 정원 등 건축물 전체를 사용하여 커다란 회유 경로 형태로 구성하는 방법도 있다. 요소요소에 칸막이나 물건을 배치하여 경로가 되도록 하는 방법도 가능하다.

지나치게 긴 회랑이나 회유 경로로 계획하면 고령자들이 시야에 다 들어오지 않고, 위험한 문제행동이나 방뇨와 같은 문제행동이 일어나도 곧바로 대응할 수 없는 일도 있다. 사각지대가 되기 쉬운 곳은 특히 점검과 주의가 필요하다. 또, 보행 중 전도나 충돌의 위험이 있는 곳은 없는지 경로를 항상 점검할 필요가 있다. 기본적으로 복도에 물건을 놓지 않도록 해야 하며, 벽면 부분을 활용하여 수납공간으로 계획하는 것도 고려하여야 한다.

그림 4-19. 치매 고령자의 준공공영역에서의 프로그램 참여

고령자들이 계속하여 걸을 때 묵묵히 걷는 것에만 몰두하지 않고, 즐거움이나 기분 좋음을 느끼면서 조금이라도 여유로운 시간을 보낼 수 있도록 배려해야 한다. 따라서 바닥, 천정에 자연이나 가로의 풍경을 배경으로 한 사진이나 그림을 붙이고, 환경음악을 들을 수 있도록 한다. 도중에 쉴 수 있도록 곳곳에 엘코브화 하여 소파나 벤취를 두는 것이 효과적이다.

2) 생활 영역과 시설 외부로 나가는 것을 방지하기 위한 대책

시설의 출입문에 잠금장치를 한다든가 어느 정도 행동 제한이 허용되는 시설은 정신과 병원, 병동에서만 있는 일이라고 인식할 필요가 있다. 노인요양시설의 출입문에 잠금장치를 하는 이외의 방법으로서 다음과 같은 것이 있다.

- 출입구에 완충물을 설치하는 방법 : 병풍이나 로프, 막, 칠판, 작은 수납장, 화분 등을 출입구 앞에 두어 전진을 억제함과 동시에 출입구가 있다는 것을 알아차리지 못하게 한다.
- 치매 고령자가 나온 것을 통보하는 장치를 설치하는 방법 : 출입문의 개방을 챠임이나 램프로 알리는 장치가 있다. 본인에게는 매우 작은 소형 발신기를 부착, 출입구 앞 부분에 감지기(센서)를 설치하여 그곳을 통과하면 스테이션으로 통보(빛, 음)가 되는 방법으로 대응하는 것이 효과적이다. 또한, 치매 고령자 개개인에게도 배회감지기를 착용시켜 위치를 확인할 수 있도록 하는 것이 유용한 방법 중의 하나다.

4.4.7 기본적 생활행위의 다양한 수준을 고려한 공간

노인요양시설 입소 고령자의 기본적인 생활행위 전개를 위해서는 무엇보다도 개개인의 신체적 특성을 고려하여 자율성과 선택성을 유지할 수 있도록 환경을 조성해야 할 것이다.

입소 고령자의 일상생활 행위 중 기본적인 생활행위인 식사, 배설, 목욕(청결유지), 정리 정돈 등의 동작 능력을 보면 일정하지 않고, 개인별 차이가 크다. 치매 고령자의 일상생활 기본동작 능력은 비치매 고령자에 비하여 문제행동까지 겹쳐서 더욱 변화롭게 나타날 수 있다.

게다가, 고령자들의 입소 기간이 길어짐에 따라 자연적 가령과 더불어 신체적 조건은 점차 나빠진다.

표 4-15. 행위장소에 의한 고령자의 생활유형[59)]

유형	배설			식사			청결유지			인원	비율	내용	병원(노인)				노인보건시설			노인요양시설			
	위	옆	화	위	옆	당	위	옆	욕				A	B	C	D	A	B	C	A	B	C	D
I			3			3			3	240	34.3	3행위 모두 전용시설 사용			1		21	53	51	24	40	33	17
II			3		2				3	41	5.9	식사는 침대옆, 다른 행위는 전용시설 사용	19	6	8	8							
III		2				3			3	99	14.1	배설은 침대 옆, 다른 행위는 전용시설 사용		1			7	23	4	10	23	5	26
IV	1					3			3	156	22.3	배설은 침대 위, 다른 행위는 전용시설 사용			4		16	51	20	15	12	15	23
V	1				2				3	16	2.3	배설은 침대 위, 식사는 침대 옆, 청결유지는 욕실			10	5						1	
VI	1			1					3	61	8.7	다른 행위는 침대 위 사용, 청결유지는 욕실		4	1	10		19				23	4
VII	1			1			1			45	6.4	3행위 모두 침대 위 사용	8	13	2	18		1			3		

주) 1 (위=침대 위), 2 (옆=침대 옆, 침실 내), 3(화=화장실, 당=식당, 욕=욕실)　　표 안은 시설별 인원

일반적으로 노인병원이나 노인보건시설, 노인요양시설에 입원·입소하여 요양생활을 보내는 고령자는 일상생활을 영위하는 기본적인 생활행위에 있어서도 다양하다는 것을 알 수 있다. 특히 노인요양시설(특별양호 노인홈)의 경우에는 노인병원과는 달리 생활행위 전개에 있어서 침

59) 梁金石, 入院·入所高齢者の生活展開に着目した高齢者療養施設の建築計劃に關する研究, 東京都立大學 博士學位論文, 1995, p.74

대를 벗어난 전용공간을 사용하는 고령자 수가 많다는 것을 알 수 있다(표 4-15 참조).

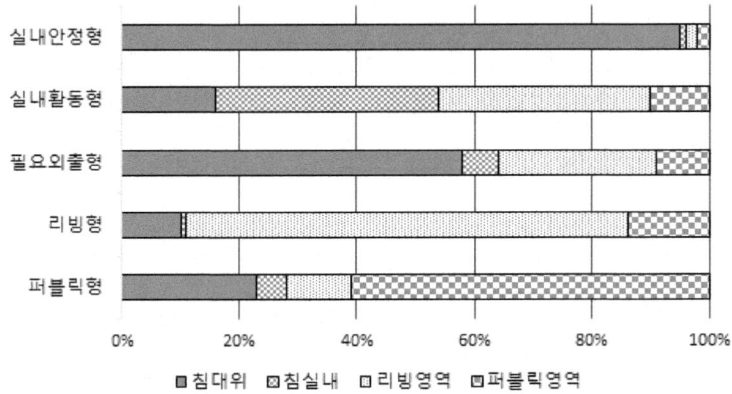

그림 4-20. 입원·입소 고령자의 생활유형별 체제장소의 시간비율 분포[60)]

입원·입소 고령자를 대상으로 하여 배설, 식사, 청결유지의 장소를 침대위, 침대옆, 전용시설(화장실, 식당, 욕실)로 구분하여 생활유형을 클러스터 분석한 연구 결과, 전형적인 유형을 7개[61)]로 도출할 수 있었다.

한편, 노인성 질환, 치매 등으로 노인병원, 노인보건시설, 노인요양시설에서 지내는 고령자의 체재장소 측면에 체류시간과 연계시켜 살펴본 바, 생활유형은 실내안정형, 실내활동형, 필요외출형, 리빙형, 퍼블릭형 등 매우 다양하다는 것도 알수 있었다 (그림 4-20 참조).

60) 양금석, 전게서, p.94

61) 출현빈도가 1% 이상인 것을 기준으로 정리한 결과 7개 유형을 도출함.

따라서, 노인요양시설 입소 고령자들이 일상생활을 전개하는 기본 공간의 근본적인 조건은 크게 바뀔 수 없다고 하더라도 침실이나 화장실, 욕실, 공용부 등에 설치되는 설비의 조건은 입소 고령자들의 신체적 조건이 상당한 수준으로 악화하더라도 대응할 수 있도록 계획하는 것이 중요하다. 왜냐하면, 일반적으로 노인요양시설마다 시설의 개소 시점과 일정기간이 경과한 시점에서 입소 고령자의 전체적인 상태는 달라지기 때문이다.

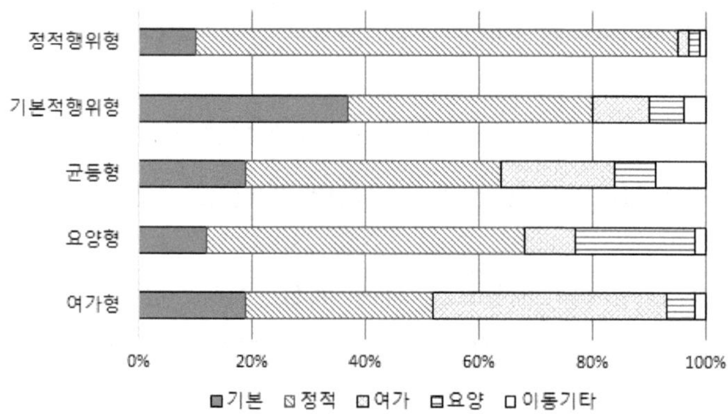

그림 4-21. 입원·입소 고령자의 생활유형별 행위내용의 시간비율 분포[62)]

한편, 입소 고령자의 생활행위를 기본적 행위, 정적 행위, 여가취미 행위, 요양 행위, 이동·기타로 구분하여 한사람 한사람의 행위전개시간 내용을 구하여 주요 유형별 평균을 구한 사례적 결과는 (그림 4-21)과 같다. 입소 고령자의 생활내용은 시설의 공간구성에도 영향을 받지만,

62) 양금석, 전게서, p.94

시설의 운영프로그램 크게 영향을 받는 것으로 나타났다. 따라서 입소 고령자의 신체적 조건이 케어를 필요로 하는 정도가 심하더라도 가급적 정적행위형을 벗어날 수 있도록 유도하는 노력이 필요하다. 이러한 고령자의 신체적 조건의 변화에 적절하게 대응하지 못하게 되면 케어 스탭의 인적 서비스는 더욱 필요하게 되고, 요구에 부응하지 못하는 경우는 복지서비스의 질적 수준 저하로 연결되기도 한다 (표 4-16 참조).

표 4-16. 생활유형별 인원분포의 변화(장소 기준)[63)]

생활유형	경과 기간	
	06개월	18개월
1·3·3	2명(5.3%)	5명(10.4%)
2·3·2	-	1명(2.1%)
2·3·3	3명(7.9%)	1명(2.1%)
3·3·2	-	4명(8.3%)
3·3·3	33명(86.8%)	37명(77.1%)
소계	38명(100%)	48명(100%)

주) 생활유형은 X(배설장소)·Y(식사장소)·Z(목욕장소)를 조합하여 나타내며
1=침대 위, 2=침대 옆, 3=전용장소를 각각 나타낸다.

4.4.8 간호·케어 거점으로서 서비스스테이션 구성

소규모 노인요양시설의 경우 노인주거와 같은 가정적인 분위기로 구성하여 치매 고령자는 물론이고, 입소 고령자 전체의 생활 안정을 도모할 수 있도록 배려하는 것은 중요하다. 중·대규모의 노인요양시설인 경우 에도 적절한 규모의 고령자 그룹별 관찰이 가능한 위치에 간호·

63) 양금석, 치매전문요양시설 공간이용의 시계열적 변화에 관한 연구, 대한건축학회 논문집 계획계, 제19권 11호, 2003.11, p.21

케어 거점을 계획하는 것이 바람직하다. 대규모 노인요양시설인 경우에도 가능한 한 케어 스탭이 입소 고령자들과 가까운 거리에서 일상생활 서비스를 실시할 수 있도록 케어 거점을 분산 배치하고, 시설 전체의 간호 거점은 별도로 시설 전체의 간호체계와 동선 등을 고려하여 배치하여도 가능하다.

표 4-17. 생활유형별 인원분포의 변화(케어 기준)[64)]

생활유형	경과 기간	
	06개월	18개월
1·1·1	5명(13.5%)	1명(2.1%)
1·1·2	8명(21.7%)	9명(18.8%)
1·1·3	5명(13.5%)	4명(8.3%)
1·2·2	-	4명(8.3%)
2·1·2	1명(2.7%)	1명(2.1%)
2·1·3	2명(5.4%)	5명(10.4%)
2·2·2	4명(10.8%)	11명(22.9%)
2·2·3	3명(8.1%)	4명(8.3%)
3·1·2	1명(2.7%)	1명(2.1%)
3·1·3	4명(10.8%)	1명(2.1%)
3·2·2	1명(2.7%)	-
3·2·3	-	3명(6.3%)
3·3·3	3명(8.1%)	4명(8.3%)
소계	38명(100%)	48명(100%)

주) 생활유형은 X(배설케어)·Y(식사케어)·Z(목욕케어)를 조합하여 나타내며 1=자력해결, 2=부분케어, 3=완전케어를 각각 나타낸다.

64) 양금석, 치매전문요양시설 공간이용의 시계열적 변화에 관한 연구, 대한건축학회 논문집 계획계, 제19권 11호, 2003.11, p.21

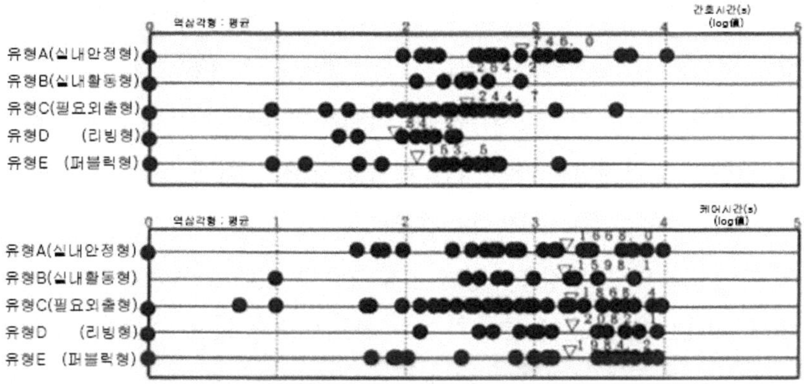

그림 4-22. 체재장소유형별 간호·케어시간[65] 사례

일반적으로 간호나 케어 측면에서 집중적인 관리를 필요로 하는 입소 고령자들은 서비스스테이션에서 가까운 위치에 별도의 특별유닛으로 구성 일반적으로 간호나 케어 측면에서 집중적인 관리를 필요로 하는 입소 고령자들은 서비스스테이션에서 가까운 위치에 별도의 특별유닛으로 구성하여 케어서비스를 제공하는 형태로 대응하고 있다. 입소 고령자의 건강 정도를 고려하여 입소하는 침실을 구분하면 사전에 개별 침실의 설비 수준을 적절하게 갖추게 되면, 케어하는데 있어서도 능동적으로 대응 가능하게 된다. 그러나, 입소 고령자의 건강 정도를 고려하여 입소 침실을 구분하지 않고, 경증 고령자와 중증 고령자를 동일 침실에 입소하게 하면 케어 스탭 개개인의 업무량에 형평을 유지하기가 어렵게 될 수도 있다.

또한, 입소 고령자의 요양생활이 장기화와 더불어 건강이 악화되면, 이

65) 梁金石, 入院·入所高齢者の生活展開に着目した高齢者療養施設の建築計劃に關する硏究, 東京都立大學 博士學位論文, 1995, p.151

때 침실의 설비 수준이 미흡한 상태인 경우 능동적으로 대응하기 어려운 상황을 맞게 되고, 종국에는 침실을 이동하여야 하는 상황이 초래된다.

입소 고령자들이 건강이 회복되어 자택으로 돌아가지 않으면 자연적으로 연령이 높아지면서 집중적인 케어를 필요로 하게 되는 고령자 또한 늘어나게 된다. (표 4-16, 17 참조)

입소 고령자의 체재장소유형별 간호시간에 있어서는 퍼블릭형 고령자에서 실내요양형 고령자로 갈수록 간호시간이 많은 것으로 나타났다. 그러나 케어에 있어서는 실내안정형, 실내활동형 고령자에 비하여 침실을 벗어나 생활하는 시간이 많은 필요외출형, 리빙형, 퍼블릭형 고령자의 케어시간이 많은 것을 알 수 있다 (그림 4-22 참조). 따라서, 요양시설 특히 요양동에서의 서비스스테이션은 이러한 이유 등으로 침실 내나 준공공영역에 체류하는 고령자들의 생활을 살피기 쉽고, 상하이동을 관찰하기 좋은 곳에 배치하는 것이 바람직하다.

4.4.9 가정적인 분위기의 형성

노인요양시설에 입소하는 많은 고령자는 입소 이전에는 가정이라는 환경에서 가족과 함께 오랫동안 지내왔을 것이다. 따라서 주택이라는 소규모 환경에서 시설이라는 대규모의 새로운 요양환경으로 생활 장소를 옮겨서 변화된 환경에 적응해야 하는 심리적 부담이 생기기 때문에 노인요양시설을 설계할 때 주택과 유사한 가정적인 분위기가 형성되도록 배려하는 것이 입소 고령자 모두의 심리적 부담을 줄여 주는데 좋다.

고령자들이 노인요양시설에 입소할 때, 평생 동안 사귀어 온 친구나 가족, 긴 세월 동안 사용해 오던 가구나 장소에 대한 추억과 정을 떨치고 새로운 곳으로 이주하는 것이 개개인에게는 상당한 심리적 부담

감으로 작용한다. 노인요양시설 입소로 인하여 새로운 환경에 놓여지는 고령자는 새로운 건축환경의 여러 요소로부터 자신의 환경을 인지하기 때문에 친밀감을 줄 수 있는 건축 요소를 디자인에 반영하여 시설과 주택 사이에서 발생하는 환경의 차이를 줄여주는 것이 중요하다.

그림 5-23. 유닛 리빙의 밝은 분위기

특히, 가정적인 분위기는 건축의 요소 중 미적인 부분과 관련이 깊다. 따라서, 노인요양시설의 외관이나 기타 건축의 미적인 요소는 시설의 주된 사용자인 고령자에게 상징적인 이미지를 전달하고 심리적인 영향을 미치기 때문이다.

노인요양시설의 관리자나 입소 고령자의 가족들보다는 노인요양시설에서 생활하는 고령자들에게 어떤 영향을 미칠 수 있을 것인가에 대해 건축가는 고려하여야 한다. 특히, 노인요양시설의 환경에 대한 적응과정에서 발생하기 쉬운 심리적 스트레스 발생이나 기능적인 불편함을 줄이고 가정적인 분위기의 생활환경을 제공하여 신체적으로나 심리적으로 편안한 일상생활을 영위할 수 있도록 계획하여야 한다.

4.4.10 시설의 복합화

노인요양시설이 독립적으로 설립, 운영되는 것이 일반적이기는 하지만, 노인요양시설의 서비스의 확대 및 운영상의 효율을 도모함에 있어서 다른시설의 기능과 복합적으로 구성하기도 한다.

사례적으로, 경남지역에 설치, 운영되고 있는 노인요양시설 중 대지내에 단독으로 구성된 사례는 전체 시설 수의 50.8%로 나타났다. 노인요양시설의 서비스 공간뿐만 아니라 그 밖의 복지시설이나 의료시설, 근린생활 시설, 종교시설, 교육시설 등의 공간과 복합적으로 구성한 사례는 전체 시설 수의 49.2%나 되는 것으로 나타났다. 특히, 복합적으로 구성된 기능 중 노인복지서비스와 관련한 재가복지센터나 노인통합지원센터, 주야간보호센터 등 대부분의 경우 노인복지와 관련된 서비스 공간이 주를 이루고 있는 것으로 나타났다. 노인요양시설 전용공간으로 구성된 단독형의 경우, 입지 유형에서 근교·전원형인 사례가 전체의 26.5%로 가장 높은 비율로 나타났다. 그 다음으로 산지형에서도 단독형으로 구성된 시설이 11.6%나 되는 것으로 나타났다. 시가지형에서도 전체의 9.0%에 해당하는 시설이 단독형의 형태로 구성되어 있음을 알 수 있다.

입지 유형이 시가지형인 경우보다 농촌지역에 위치하게 되는 근교·전원형에서 복지복합의 형태로 구성된 사례가 전체 시설의 20.1%나 되는 것으로 나타났다. 더욱이 산지형과 시가지형의 입지에서도 복지복합의 형태로 구성된 시설 수의 비율은 각각 8.4%, 7.1%나 되는 것으로 나타났다.

한편, 시가지에서는 비교적 소규모 요양시설의 경우 기존의 근린생활시설의 일부 공간을 활용하여 요양시설 공간으로 사용하고 있는 사례들이 일부 있어서 전체 시설의 3.7%나 차지하는 것으로 나타났다.

그밖에도 시설의 설립 주체와 연계되어 종교시설과의 복합이나 교육시설 복합 등의 사례가 낮은 비율로 나타났다.

표 4-18. 경남지역 노인요양시설의 입지유형별 공간 복합화 실태[66]

(unit : %)

공간구성 / 입지		단독형	복합형						합계
			복지 복합	의료 복합	근생 복합	종교 복합	교육 복합	주거 복합	
시가지형		9.0	7.4	2.1	3.7	0.0	0.0	0.6	22.8
근교·전원형		26.5	20.1	0.0	0.0	0.5	0.5	0.5	48.1
산지형		11.6	8.4	1.6	0.0	0.0	0.0	0.0	21.6
수변형	해변	2.1	2.1	0.0	0.0	0.0	0.0	0.0	4.2
	강변	1.1	0.0	0.0	0.0	0.0	0.0	0.0	1.1
	저수지변	0.5	1.1	0.0	0.0	0.6	0.0	0.0	2.2
합계		50.8	39.1	3.7	3.7	1.1	0.5	1.1	100

이와 같이 노인요양시설의 충실한 생활서비스 제공과 입소 고령자의 사회적 관계 유지 등을 고려여 입지의 선택은 물론, 다른 기능의 시설과의 복합에 따른 장·단점을 면밀하게 검토, 적용하여야 할 것이다.

4.4.11 망가지기 쉽거나 장난치기 쉬운 물품에 대한 고려

콘센트는 노출시키는 경우가 많고, 이따금 망가진다. 그러나 폐쇄식 콘센트는 쉽게 망가지지 않고 유효하다. 치매 고령자의 경우, 못과 같이 조금이라도 튀어나온 것이 있으면, 뽑게 된다. 오히려, 뜯는 행위를 볼 수도 있다. 소화 박스, 피난 유도등, 장식물 등은 파손 대상이 되기

66) 양금석, 경남지역 노인요양시설의 공간 특성에 관한 연구, 한국농촌건축학회논문집, 제23 권 4호, 2021.11, p.24

때문에 위치를 바꾼다든가 덮개를 한다든가 가능한 한 치매 고령자들의 눈에 띄지 않도록 대책을 강구한다.

거울이나 유리에 향해 말하다가 흥분하여 깨버리거나 싸움을 걸어 구타하는 경우도 있다. 스텐레스 거울이나 강화유리가 안전에 좋다. 치매 고령자의 문제행동이나 실수로 장시간 수돗물을 흘려버리는 경우가 많기 때문에 물이 1회분만 나오도록 하는 조절 기능이 붙어있는 수도 설비를 하는 등 특별한 대책이 필요하다.

4.4.12 기타 사항

노인요양시설 실내가 건조하면, 입소 고령자들 간에 감기가 유행하기 쉽기 때문에 가습기 등으로 적당한 가습이 필요하다. 또한, 그림, 장식물, 종교적 상징물 등으로 가정적인 분위기를 만들고 있는 노인요양시설도 많다. 치매 고령자 중에는 그것들에 기대한 만큼 흥미를 보이지 않고, 망가뜨리거나 하여 위험을 초래하는 경우도 있기 때문에 주의가 필요하다. 정원이나 화단에 사계절에 걸쳐 꽃이 피도록 하는 것도 좋다. 또, 치매 고령자나 비치매 고령자에게 조금이라도 농작업의 경험을 생각하게 하여 즐기면서 텃밭을 가꾸어가면 원예요법의 효과를 기대할 수도 있다. 치매 고령자 가운데도 식물을 함부로 먹는 사람은 많지는 않지만, 침실에는 먹어버리면 곤란한 식물은 두지 않는 것이 바람직하다.

치매 고령자에 따라서는 어떤 시기를 지나면 문제를 일으키지 않는 경우도 있기 때문에 시기를 고려하여 식물을 두는 방법도 있다. 개나 고양이 등 반려동물에 흥미를 나타내는 치매 고령자도 많다. 청결이나 안전에 주의하면서 여유롭게 교류의 장을 갖추면 바람직하다.

제5장
자택이 아닌 재택 분위기의 노인요양그룹홈

5.1 노인요양그룹홈에서의 생활 모습

과거 치매 고령자에 대한 케어나 처우가 이루어졌던 것은 대규모의 노인요양시설이나 노인병원 정도였지만, 이러한 시설은 상대적으로 규모가 크고, 주택의 공간 규모로부터 많이 벗어나 있으며, 반복 패턴이 많고 거대하며 복잡한 구성으로 되어 있는 경우가 대부분이었다.

게다가 노인요양시설의 정원 규모도 50~100명과 같은 대규모였으며, 획일적이고 관리 중심적 성격이 강한 생활 프로그램에 따라 케어와 처우가 이루어져 왔기 때문에 물리적 환경이나 생활환경으로서도 고령자가 자택에서 지내온 생활환경과는 크게 다른 것이었다. 치매 고령자들은 그러지 않더라도 기억장애나 소재식장애 등을 지니고 있어서 혼란 상태에 빠지기 쉬운데 그러한 환경에서의 대규모의 집단적 처우는 스트레스를 유발시키는 요인이 되기도 한다.

이와 같은 시설에서의 생활 환경, 케어 문제를 배경으로 하여 탄생한 것이 노인요양그룹홈이라 할 수 있는 노인요양공동생활가정이다. 생활단위가 작은 노인요양그룹홈에서는 직원도 고령자도 한사람 한사람의 얼굴을 제대로 볼 수 있으며, 대규모 시설에서 집단적으로 생활하는 것과는 전혀 다른 유연한 생활이 전개될 수 있다. 노인요양그룹홈에서의 생활을 시설의 규모가 좀더 큰 노인요양시설과 비교해 보면, 그 특징은 크게 다음과 같이 몇 가지로 정리할 수 있겠다.

1) 입소 고령자가 자신의 리듬에 맞추어 생활할 수 있다.

대규모 시설에서는 50명~100명의 생활단위로 기본적으로 생활단위가 크기 때문에 집단적이거나 획일적인 생활전개가 되기가 쉽고, 생활 스케줄도 고정적으로 되기 쉽다. 그러나 10명 미만의 노인요양그룹홈에서는 입소 고령자가 주체적으로 생활을 전개하기 쉽다.

2) 가정적인 환경에서 서로 간에 얼굴을 제대로 볼 수 있는 인간관계를 가질 수 있다.

노인요양그룹홈은 정원 규모가 10명 미만으로 소규모로 주택에 가까운 생활환경이라는 점이 물리적인 측면에서의 특징이 있다. 생활서비스 측면에서는 입소 고령자와 케어 스탭이 함께 생활하는 수평적인 관계성에 그 큰 특징이 나타날 수 있다고 할 수 있다. 대규모 시설에서는 고령자-직원의 인간관계는 「케어하는-케어받는」과 같은 수직적 관계성이 강하지만, 노인요양그룹홈에서는 직원과 고령자가 함께 조리나 식사를 함께하는 등 양자 사이에는 수직적인 관계성에만 구속되지 않고, 홈에서 더불어 생활하는 옆사람으로서의 관계성이 생겨나게 된다.

3) 고령자가 스스로 생활에 참가하는 협동 거주의 일원이 된다.

사람은 사회적 동물이다. 노인요양그룹홈에서는 그룹이라고 하는 말 그대로 사회적인 인간관계의 장(場)임을 의식할 필요가 있다. 따라서 노인요양그룹홈에서의 생활에 있어서는 입소 고령자 간의 가정생활을 통한 협동작업, 구체적으로는 식사 준비나 세탁, 청소, 장보기 같은 것이 중요한 역할을 하게 되기도 한다.

4) 24시간 전문적인 생활 케어가 가능하다.

신체적 케어를 필요로 하는 고령자에 대해서는 식사, 목욕, 배설서비스 등과 같이 포인트 포인트를 제한하는 점적인 케어에서도 일정한 생활지원이 가능하다. 그러나 치매 고령자의 경우는 한순간도 눈을 뗄수 없기 때문에 점적인 케어로는 충분하게 대응할 수 없고, 24시간 연속적인 케어, 말하자면 선적인 케어가 필요하게 된다. 또, 치매 자체에 대한 이해와 고령자의 잠재능력을 발휘시켜 인간관계의 능력, 의미있는 생활을 창출하는 생활지원자로서의 전문적 능력이 스탭에게는 요구된다.

5) 지역 내 생활의 장으로 역할을 담당한다

노인요양그룹홈은 시가지나 마을로부터 멀리 떨어진 장소에 격리되어야 하는 것은 바람직하지 못하다. 규모가 작아서 지역과의 관계성 위에 성립되지 못하면 작은 공간에 폐쇄된 물리적으로도 인간관계의 넓이에서도 폐쇄적인 수용시설이 되고, 소규모임에도 폐해가 더욱 강해질 위험도 있다. 지역의 봉사자들이나 후원자들과 함께 만들어내는 근린관계가 유지되는 노인요양그룹홈이라면 지역의 복지 거점으로서의 역할을 제대로 할 수 있을 것이다.

5.2. 치매 고령자를 위한 노인요양그룹홈의 건축계획 포인트

5.2.1 대지 위치 : 입지 조건 : 지역 내 입지

노인요양그룹홈이 지역과 연계하여 지역을 향해 열려있기 위해서는 무엇보다도 노인요양그룹홈 자체가 거주지 내에 위치하여야 할 필요가 있다.

시가지나 주거지로부터 멀리 벗어난 산지나 주택이 없는 공장지대, 또는 농경지 주변 등에서는 노인요양그룹홈은 고립되기 쉽고, 입소 고령자도 지역 속에서 살아가고 있다는 것을 느끼기 어렵다.

또한, 노인요양그룹홈이 지역에 있어서 생활의 장이 되기 위해서는 입소 고령자 가족들의 자유로운 방문이 보장되어야 한다. 그밖에도 지역 사람들(예를들면, 우편배달원, 이동판매원, 유제품판매원 등)이 다양한 형태로 노인요양그룹홈을 방문한다든가 반대로 입소 고령자 스스로가 지역의 일원으로써 지역세 개최하는 다양한 행사에 참가한다든가, 음식점이나 슈퍼를 찾아가는 등 일상생활을 통해서 적극적으로 지역으로 외출하는 것을 바라기도 한다.

입소 고령자의 지역 주민들과의 연계는 이러한 일상적인 교류를 통하여 자연스럽게 이루어지기도 하며, 이와 같은 지역과의 연계는 노인요양그룹홈이 시가지나 마을 내에, 혹은 인접하여 위치함으로써 비로소 생겨날 수 있을 것이다.

치매 고령자의 재택 케어가 어려운 이유 중의 하나가 고령자도 가족도 고정된 '간호하고-간호받는다'고 하는 관계가 강하여 피할 장소가 없다는 점에 있다. 치매는 진행성 질병이기 때문에 출구가 보이지 않는 상태에서 저절로 부담이 증가하는 현실에 가족이 소리를 높이게 되지만, 노인요양그룹홈에 대해서도 생활이 시설 내에서 완결되고, 고령자와 케어 스탭 간에 '간호하고-간호받는다'고 하는 관계가 고정화되어 버리면, 소규모의 장점을 상실하고 오히려 소규모임에도 케어나 인간관계의 어려움에 놓여지는 위험성을 낳게 된다.

케어 스탭은 근무시간이 끝나면 업무로부터 해방되지만, 돌아갈 가정이 없는 입소 고령자에게 있어서 이것은 꼼짝하지 못하는 상태가 된다. 이러한 상태를 방지하기 위해서는 '간호하고-간호받는다'고 하는 관계성에 구속되지 않는 제 3자의 관계가 필요하다. 예를 들면, 좋고 싫은 것은 있겠지만, 노인요양그룹홈에서 개나 고양이, 금붕어라도 좋으니까 반려동물을 키우면 입소 고령자가 말을 건네거나 보살피거나 한다. 그렇게 함으로써 입소 고령자는 보살핌을 받기만 하는 존재가 아니라는 것을 발견하기도 한다.

또, 방문자도 중요하다. 가족은 물론, 인근 학교의 초등학생이나 어린이들, 봉사자 외에도 생활을 지원해 주는 지역민들이 자연스러운 형태로 방문하게 되면 지역과의 관계성이 구축될 것이다.

5.2.2 지역 기후와 생활문화 고려

치매 고령자를 위한 노인요양시설은 모두 그 시설의 주 이용자인 치매 고령자의 거주시설이다. 달리 말하면, 치매 고령자들의 거주를 위하여 제공되는 공간으로 디자인된 것이라 할 수 있으며, 각각의 각 노인요양시설은 디자인의 접근에서부터 매우 큰 차이가 있을 수 있다.

첫째로, 일반적으로 각 국가나 지역의 기후는 고령자를 위한 노인요양시설 설계에 있어서 영향을 미치는 중요한 요소 중의 하나이기도 하다.

· 영국의 런던은 연평균기온 11.3도, 연평균 강우량 600㎜정도
· 대한민국의 서울은 연평균기온 12.8도, 연평균 강우량은 1,300㎜ 정도
· 일본의 도쿄는 연평균기온 15.6도, 연평균 강우량은 1,400㎜정도

나아가 우리나라의 경우에도 위도 차이가 심한 조건을 지닌 관계로 남부지방, 중부지방, 북부지방 등의 기온 차를 고려한 건축물의 단열기

준 적용으로 에너지 이용 효율성을 도모하도록 하고 있다. 따라서 이러한 기후조건의 차이는 건축물의 내·외부 공간 및 전체적인 형태 디자인에 있어서의 기본적인 생각에 큰 차이를 낳게 된다.

둘째로, 문화적인 차이는 치매 고령자를 위한 노인요양시설의 공간구성이나 이용방식에 있어서도 큰 차이를 낳는다. 예를 들면, 실내를 꾸미는 방식, 조리나 식사 방식, 보편적으로 바람직한 주택의 모습이나 라이프스타일 등에 반영된다. 예를 들면, 우리나라의 주거는 전통적으로 남·녀공간이 구분되고, 각 채 별로 마당이나 뜰을 가지며, 담장이 둘러쳐지고서 완성되었다. 그러나 오늘날 우리나라의 주거의 6할 정도는 집합주택(공동주택)의 형태를 보이고 있다. 그러나 호주의 보통 주택은 전정과 후정이 있는 단층의 단독주택 모습을 보이고 있지만, 프랑스에서는 마을 속의 아파트의 모습을 보여주고 있기도 하다.

그림 5-1. 기후와 문화가 반영된 노인요양그룹홈의 사례

이와 같이 각 나라나 지역에서는 거주자들이 문화적 개별 특색을 지니고 주거 생활을 이어가고 있다. 이 주거 생활은 가족 구성이나 생계방식 등에 따라서 차이를 보이기도 한다. 따라서 노인요양시설 계획이나 설계에서 있어서 해당 지역의 입주 예정 고령자들의 문화적 특징을

면밀하게 파악, 이해하여 생활공간으로서의 주거 기능과 복지서비스 제공시설로서 기능을 잘 담아낼 수 있도록 하여야 한다.

5.2.3 관련 시설과 연계성 고려

현재 우리나라에서 개설되어 있는 노인요양그룹홈의 대부분은 그 설립주체가 개인, 사회복지법인 또는 의료법인이다. 사회복지법인, 의료법인이 설비 주체인 경우, 노인요양그룹홈의 계획에 있어서 요양시설이나 보건시설, 의료시설 등의 모체시설과의 관계를 고려할 필요가 있고, 설립 주체가 개인인 경우에도 인접한 요양시설이나 보건시설 등과의 연계를 고려할 필요가 있다.

종래에는 인적인 백업의 가능성 등을 고려하여 연계 시설과 동일 대지 내나 인접 대지에 노인요양그룹홈을 계획하는 것이 일반적이었지만, 이러한 병설형 계획의 경우 연계 시설이 대규모 용지를 필요로 하기 때문에 시가지나 근교로부터 떨어진 장소에 입지시키는 경우가 많은 점, 모체시설에 인접시킴으로써 노인요양그룹홈의 생활이 지역보다도 모체시설과의 연계를 강하게 하는 점, 등이 우려된다.

그러한 의미에서는 최근 볼 수 있는 사례로 위성형 그룹홈을 주목할 필요가 있다. 위성형 노인요양그룹홈은 모체시설 자체는 있지만, 그곳에 병설, 또는 인접하여 설치하지 않고, 지역 내에 단독으로 입지시켜 운영하는 것을 말한다. 노인요양그룹홈이 단독으로 입지하기 위하여 반드시 대지가 커야 하는 것은 아니기 때문에 주거지나 시가지 내라도 용지를 확보하기 쉽고 또, 무엇보다도 지역 내에서 융화된 생활환경을 실현하기 쉽다는 점에서 장점이 있다.

특히, 그 입지가 모체시설로부터 왕래하기 쉬운 거리라면, 의료·케어 측면에서의 백업도 가능할 것이다. 앞에서 언급한 노인요양그룹홈 본래의 이념에서 보아도 모체시설과 가까운 거리에 위치함으로써 연계를 유지하면서 시가지나 주거지 내에 입지하는 위성형 노인요양그룹홈으로의 계획도 한 방안이 될 것이다.

5.2.4 인지하기 쉬운 공간 구성 : 관찰과 인지

입소 고령자에 대해 적절한 케어를 위해서는 관찰이 필요하게 된다. 치매 고령자의 관찰은 눈에 띄지 않도록 무슨 일이 일어났을 때 재빠르게 대응한다. 입소 고령자가 관찰되고 있다고 느끼지 않도록 하는 것도 필요하다. 물리적인 대응으로서는 필요한 곳에 격자(格子), 중정(中庭)을 매개로 하여 유리너머로 살펴볼 수 있도록 하는 등의 수법이 효과적이다.

스탭실은 본래, 업무공간처럼 되기 쉬우므로 특별히 신경을 써야 하는 곳이다. 예를 들면, 벽을 유리로 처리하고, 관찰이 용이한 구조로 하며, 그 앞에 격자를 설치하여 업무공간으로 덜 느껴지도록 하는 방법도 있다.

일반적으로 치매 고령자의 문제행동으로 다루어지는 행위에도 우선순위가 있을 수 있다고 여겨지며, 그 원인이 무엇인가를 스탭이 파악하여 원인을 제거하게 되면 치매 고령자의 문제행동의 상당 부분을 줄일 수 있을 것이다. 스탭에게는 치매에 관한 지식뿐만 아니라 상대의 눈을 보면서 이야기한다든가, 부드러운 미소나 눈빛, 태도 등으로 불안한 상태의 고령자가 안심할 수 있는 유연한 접근방식이 요구된다.

한편, 노인요양그룹홈 계획에 있어서, 우선, 치매 고령자의 불안을 없애기 위해서는 규모가 큰 노인요양시설에서와 마찬가지로 인지하기 쉬운 공간이 필요하다고 할 수 있다. 따라서 침실에서 거실 부분의 분위기를 느낄 수 있도록 하고, 화장실이 화장실다운 위치에서 화장실답게 보이도록 하는 것이 중요하다. 종종 대규모 시설의 통로 막다른 곳에 특별한 심볼을 붙인 곳이 노인요양그룹홈에서의 소변을 위한 공간인 시설도 있다. 그러나 그것을 역으로 생각해 보면, 그곳은 막다른 곳으로 어두운 분위기의 오래된 주택 화장실의 장소이기도 하다. 따라서, 부적절한 공간이 잘못된 문제행동을 유발하지 않도록 쉽게 인지할 수 있도록 공간을 만드는 것이 무엇보다도 중요하다.

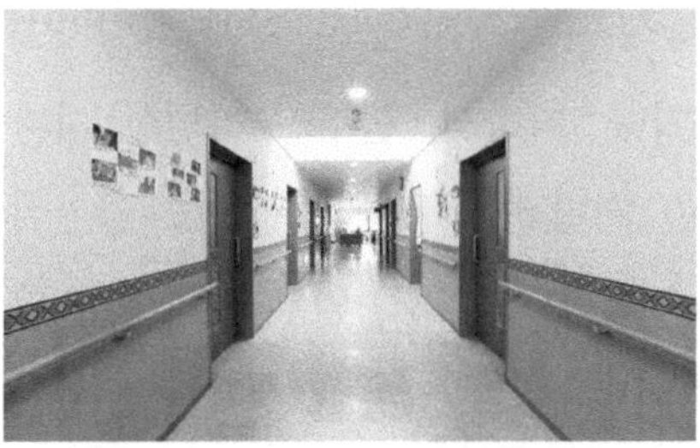

출입문에 부분적으로 반투명 유리 처리

거실 겸 식당에서 관찰 가능

그림 5-2. 침실 분위기 관찰이 용이한 구조

5.2.5 기억을 배려한 공간 만들기

치매 고령자는 단기간의 기억은 모두 잃어버리는 경우가 있어도 오래전으로 거슬러 올라간 시기의 기억이나 몸에 베인 기억은 부분적이라고 하더라도 가끔 분명하게 남아 있다. 따라서 오래된 기억에 머물러 있어 옛 추억을 떠올리는 물건이나 음악, 등을 이용하여 그 기억을 통해 대화의 구실로 삼는다든가, 의미있는 행위를 찾아낼 수도 있다.

따라서, 노인요양그룹홈을 계획할 때, 어느 정도 고령자들이 젊었었던 시대의 가구나 인테리어, 애용품, 주택 분위기 등을 활용하는 것은 기억에 호소하는 방법으로서 의미있는 행위를 꺼집어냄과 동시에 고령자를 불안하지 않게 하는 데 있어서도 유효하다.

예를 들면, 수도꼭지 하나를 가지고 고령자가 건강했었던 시기에 보급되었던 수도꼭지의 형태에 가까운 것을 고르게 하는 것도 하나의 방법이다.

최신 기기보다도 익숙하게 사용해 왔던 형태가 유효하다고 할 수 있다. 특히, 요즈음에는 다양한 형태의 수도꼭지(싱글 레버, 투 핸들, 자동식 등)를 볼 수 있지만, 다른 형태의 수도꼭지가 장소에 따라 설치되어 있거나 스위치나 레버가 없는 자동식 수도꼭지 등은 치매 고령자에게는 익숙해지기 어려운 것일 수도 있다. 따라서, 일부러 특별한 디자인이나 설비가 아니라 유니버설디자인 개념을 적용한 심플하고 알기쉬운 것이 노인요양그룹홈 계획에서 요구된다. 따라서, 일부러 특별한 디자인이나 설비가 아니라 유니버설디자인 개념을 적용한 심플하고 알기쉬운 것이 노인요양그룹홈 계획에서 요구된다.

주택의 거실 분위기의 공용부

일반 주택의 현관 분위기

그림 5-3. 익숙한 분위기의 공간 연출

5.2.6 자발적·주체적으로 참가할 수 있는 생활 공간 만들기

노인요양그룹홈에 입소하여도 손님으로 취급된다면, 그곳을 자신의 거처로 느낄 수 없게 되는 것은 당연할 수도 있다. 입소 고령자 스스로가 주체적으로 생활에 관계할 수 있도록 그곳에서 어떠한 생활행위(가사, 세탁, 장보기, 정원 손질 등)를 영위할 수 있는가에 대해 미리 설정할 필요가 있다.

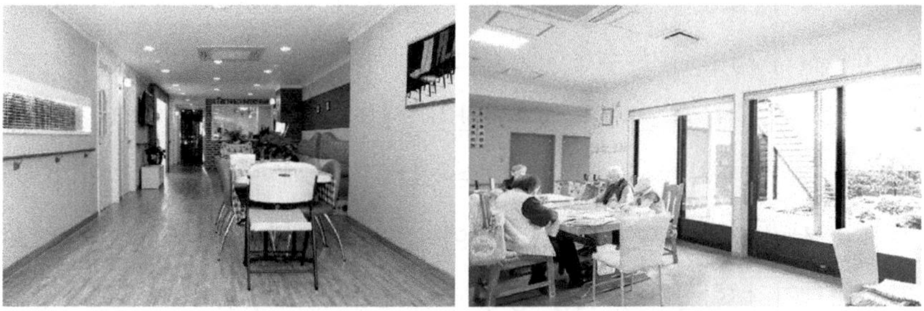

그림 5-4. 일상생활에서 참여하기 쉬운 위치의 프로그램 활동 공간

고령자에게 주체적으로 또한 적극적으로 생활행위에 참가하도록 하는 공간구성에 신경을 쓰는 것이 무엇보다 중요하다. 예를들면, 이전의 요양시설에서는 식사를 하기까지 입소 고령자 자신이 아무것도 하지 않아도 정해진 시간에 일률적으로 식사가 주어지는 프로세스였지만, 많은 노인요양그룹홈에서는 주방을 이용하여 스탭과 입소 고령자가 함께 식사를 준비하기도 한다. 우선, 가장 먼저 오늘은 무엇을 먹을까, 여러 사람이 의견을 듣고, 장보러 가고(스탭이 보조하면서), 그리고, 식재료의 껍질을 벗기거나 부엌칼로 자른다든가 하면서 조리를 하고, 완성된 것을 함께 먹는다. 그리고 식사를 마친 뒤에는 다 같이 정리하는 일련의 행위가 스탭 뿐만아니라 입소 고령자도 같이 하게 되는 것이

다. 결국, 한 번의 식사만을 대상으로 다루어보아도 그 전후에는 2~3 시간에 걸친 의미있는 행위가 홈 내에서 전개된다. 이와 같이 종래의 생활에 뿌리박힌 행위는 입소 고령자 자신도 상당히 물들어 있기 때문에 자신감이나 만족감을 가져다주게 되며, 할 일 없이 불안에 기인한 배회 등의 문제행동이 감소하기도 한다. .

당연히 치매 고령자이기 때문에 이러한 모든 활동에 적극적으로 참여할 수는 없겠지만, 부분적이라도 생활을 이루는 시간과 공간을 공유한다는 것이 상당히 중요하다. 그러기 위해서도 생활행위를 스탭과 입소 고령자가 공유하기 쉬운 공간으로 계획하여야 할 것이다. 식사 준비가 이루어지는 주방이나 세탁 관련 행위가 이루어지는 세탁실이나 건조장 등, 협동작업이 이루어질 수 있는 장소에서는 특히 주의가 필요하다. 사람으로서 할 수 있는 일이 없는 상태에 놓여 있을 때 입소 고령자도 가장 힘들다는 것을 충분히 이해하여야 한다.

5.2.7 오감을 사용하는 공간

공간은 스스로 사용자에게 어떤 종류의 행위를 유발하기도 한다. 따라서 노인요양그룹홈에서 지내는 치매 고령자의 행위를 생활 프로그램을 이유로 스탭들이 무리하게 강제하지 않고 자연스럽게 유도되도록 하는 공간조성이 치매 고령자의 행위를 이끌어가는 데 있어서는 매우 중요하다.

기억 중에도 젊었을 때 자주 들었던 음악과 같은 감각이나 습관화되어몸에 베인 행위는 쉽게 잊어버리지 않는다. 따라서 오감(五感)을 움직이게 하는 공간 만들기가 중요하다. 아름다운 꽃이 피어있으면, 자연스럽게 물을 주는 행위를 유도하게 되고, 세탁물이 소나기에 젖을 것

같으면 스스로 걸어 들이게 되는 행위는 일어나게 된다. 손잡이, 냄새, 색채 등에 신경 씀으로써 다양한 행위를 유도하게 되며, 이야기의 계기가 될 수 있다.

5.3 가정적인 분위기 형성을 위한 고려 사항

5.3.1 공간구성의 바람직한 모습

노인요양그룹홈의 공간구성으로서는 각 제실 간에 적당한 시각적인 연계가 확보되어 분위기가 전달될 필요가 있다. 따라서, 침실과 공용공간이 완전히 단절된 공간구성은 그다지 바람직하지 않다. 어떤 노인요양그룹홈에서는 서로 간에 분위기가 전달되지 않도록 공간이 구성되어 고령자의 모습을 파악하고자 센서나 부저 등의 장치를 노인요양그룹홈 그룹홈 개설 후에 추가적으로 설치하는 곳도 있다.

그러나 물론, 적절한 시각적 연계가 확보되어 있으면 이러한 장치를 이용하지 않아도 스탭의 눈과 귀로 주의하여 충분히 대응된다. 반대로, 시각적으로 보이는 것이 필요하다고 하여도 거실에서 방이 훤하게 보인다든가, 역으로 침실에서 거실이 다 훤히 보이기 쉬운 홀형 공간구성은 생활이 안정적으로 되기 어렵다. 어느 정도로 침실과 거실이 연계되어 적절하게 분위기를 감지할 수 있는 관계성이 요구된다 할 수 있다.

또, 침실과 공용공간의 관계성으로서 침실 부분 복도로 개폐가 가능한 창을 설치하는 것도 하나의 방법이다. 이러한 창은 스탭이 열고 침실 안을 살펴서 안부를 확인하기 위한 창으로는 그다지 도움이 안되지만, 야간에 실루엣을 통하여 고령자가 취침하고 있는지 아직까지 주무시지 않고 있는지 등을 감지할 수 있기 때문에 케어에 크게 도움이 되기도 한다.

치매 고령자 중에는 스탭이 가까이 없다고 느끼면 불안해 하는 경우도 있기 때문에 이러한 창은 고령자에게 있어서도 이점이 있다. 부가하여 건축 의장적으로도 복도에 문만 면하여 있으면 시설적인 인상을 강화시키기 때문에 이러한 창은 주택답게 디자인하는데도 포인트가 되기도 한다.

노인요양그룹홈의 공간구성요소는 고령자의 침실을 중심으로 한 전용공간과 식당, 부엌, 거실, 욕실 등의 공용공간, 정원이나 텃밭 등으로 구성되는 외부공간, 그리고 사무실, 케어스탭실, 봉사자실, 세탁실 등이다.

노인요양그룹홈은 가정의 연장으로 자리매김 하는 것이 무엇보다도 중요하다. 그러기 위해서는 이들 공간요소(실)를 가능한 한 보통 주택의 스케일이나 분위기를 벗어나지 않도록 구성할 것, 설계자 스스로 자신이 사는 것을 전제로 하여 계획하는 것이 최소한으로 요구된다.

노인요양그룹홈의 경우, 입소정원을 5명 이상 9명 이하로 제한하고 있으며, 연면적은 입소정원 1명당 20.5㎡ 이상 확보하도록 규정하고 있지만, 어느 정도의 면적으로 계획 가능한지 또는 입소 고령자에게 어느 정도 공간적 여유 속에서 생활할 수 있게 할 것인지를 고려하여야 한다.

이하에서는 노인요양그룹홈의 건축계획적인 주요 부분에 대해 언급하고자 한다.

5.3.2 외관 디자인에서의 고려 사항

치매 고령자를 위한 노인요양시설은 병원과 같은 수용시설로서의 기능을 가짐에도 불구하고, 외부에서는 그러한 건축물로 느껴지지 않도록 디자인하여야 치매 고령자나 보호자들이 노인요양시설의 외관으로부터 받게 되는 시설적 이미지의 느낌을 줄일 수 있다.

노인요양시설이나 노인요양그룹홈은 기본적으로 치료적인 케어가 용이하고, 입소 고령자 개개인에게 있어서는 가정과 같은 환경에서 요양생활이 전개될 수 있도록 하여야 한다. 노인요양그룹홈을 가정과 같은 환경으로 제공하면서도 효율적·경제적 운영을 배제할 수 없다는 점을 고려하면, 설계자나 관리자에게는 도전이 될 것이다.

그림 5-5. 단독주택 이미지로 디자인된 노인요양그룹홈

1) 대지계획

가정적인 분위기의 환경조성은 대지의 선정단계에서부터 시작된다고 할 수 있다. 건축물을 대지의 어떤 위치에 세울 것인가 하는 것은 중요하다. 어떤 시설은 교외 주택지에 있기도 하다. 간선 도로에서 상당히 떨어져 있는 경우에는 주변의 주택과는 다른 이미지의 시설, 흔하게는 학교, 또는 병원이나 진료소처럼 보이기도 한다.

그림 5-6. 기존 주택을 이용한 경우와 공동주택 주변의
노인요양그룹홈의 대지

입소 고령자들이 시각적으로 바깥세상과 직접적인 연계를 가질 수 있도록 하기 위해서 노인요양시설의 거실을 도로를 향하도록 배치하고, 식사실은 모두 정원을 향하도록 배치하는 방법도 있다. 만약, 치료적 가치를 중요하게 다루게 된다면 커뮤니티 내의 대지를 선택하여야 할 것이다. 그리고 건축물을 주변의 주택들과 조화되도록 하기 위해서는 대지의 어느 곳에 건축물을 세워야 하는가 하는 것은 중요하다. 기존 주택을 노인요양그룹홈으로 활용하는 경우에도 마찬가지이다.

2) 출입구 계획

건축물이 대지의 어느 곳에 위치하는가에 따라서 건축물의 성격에 중요한 첫 번째 인상을 결정짓기도 한다. 건축물의 출입구는 방문자나 입소 고령자에 대해 건축물의 내부에 대해 강하게 예상시키게 된다. 일반적으로 독립된 건축물의 경우는 입구가 명확해지지만, 입소 고령자들의 거주영역이 여러 개의 클러스터로 구성되는 경우에는 개별 입구를 두든지 아니면 공통의 출입구를 두는 수밖에 없다.

출입구가 분리되어 설치되는 경우에는 서비스부문의 중앙화에 대해

면밀하게 검토하여야 한다. 중앙의 주방이나 세탁실 등은 이들 공간에 접근하기 위한 관리동선을 명확하게 확보하고, 다른 한편으로는 모든 입소 고령자를 위한 라운지, 의무실, 이미용실 등의 별도의 공용시설을 설치하는 것도 가능한 방법이기도 하다.

그림 5-7. 노인요양그룹홈의 출입구를 비교적 명확하게 디자인한 사례

5.3.3 내부공간 구성에서의 고려 사항

노인요양그룹홈의 계획이나 설계상의 목표를 「가정과 같은 환경」으로 하는 것과 요양환경을 더욱 적극적으로 「치료목적으로 디자인한다」는 것의 특징을 분석하면, 그것이 미치는 영향도 이해할 수 있을 것이다. 만약, 요양시설이 병원과 같은 이미지로 보여진다면 무엇이 문제이고, 어떻게 하면 이것을 피할 수 있는지를 분석하고 이해하여야 한다.

1) 침실(Bed Room) 배치

침실은 고령자의 생활의 중심적인 공간이기 때문에 알기 쉽도록 침실을 배치하여야 한다. 가끔 4개 이상의 침실이 직선적으로 복도에 면하여 배치되는 사례도 있지만, 같은 형태의 침실 문 여러 개가 복도에 나열되면 인지 장애가 있는 치매 고령자는 자신의 침실이 어디인지 알지 못하는 상황을 초래하게 된다. 따라서 호텔과 같은 침실 배치가 되지 않도록 배려하여야 한다. 더욱이 기억하기 쉬운 표시가 자신의 침실 주변에 있으면, 고령자들의 공간인지에 도움이 된다. 예를 들면, 자신의 침실은 창으로부터 화단이 보이는 곳에 있거나 막다른 곳에 있는 등 공간적인 구조에 의해 침실의 위치를 쉽게 이해하면, 고령자가 자신의 침실을 파악하기도 쉬울 것이다.

또, 침실 출입문도 획일적이지 않도록 색채나 문양을 변화시키는 것도 좋을 것이다. 그밖에 침실 출입문 부근에 장식대를 설치하여 그곳에 그 사람의 물건이나 사진을 두는 것도 한 방법이 된다.

그림 5-8. 노인요양그룹홈의 침실과 준공공영역(거실)의 구성 관계

2) 침실(Bed Room)

침실은 고령자의 몸을 두는 편안한 곳이 되어야 한다. 노인요양그룹홈에서는 고령자가 이전에 일상적으로 사용했던 가구나 깊은 추억이 있는 소지품들을 둘 수 있도록 하고, 그 사람다운 리듬으로 생활할 수 있도록 침실은 1인실을 원칙으로 하여야 한다. 부득이하게 다인실로 구성하더라도 개성을 표출할 수 있도록 배려하고, 개인의 프라이버시를 유지할 수 있도록 하여야 한다. 그리고, 침실이 안심하고 몸을 둘 수 있는 곳이 되

도록 하기 위해서는 그 사람이 소중히 하는 물건에 둘러싸여 지낼 수 있도록 하는 것이 중요하다. 개인적으로 단기적인 기억이 잘 떠오르지 않더라도 추억이 담겨 있는 사진, 가구, 물건 등을 통해 그곳을 자신의 거처로 받아들이기 쉽게 된다는 점을 알아야 한다.

요양생활을 지내는 고령자의 생활거점이기도 한 침실의 면적을 적절한 수준으로 확보하는 것은 무엇보다도 중요하다. 일본의 경우, 개호보험법상 그룹홈의 침실 면적은 입소자 1명당 7.43㎡ 이상으로 규정하고 있지만, 이 면적으로는 충분한 사물을 두기에는 어려움이 있고, 만족할 수 있는 넓이가 확보된다고 할 수 없다. 우리나라의 경우, 노인복지법 시행규칙에 따르면, 입소자 1명당 침실 면적은 입소자 1명당 6.6㎡ 이상이어야 한다. 다만, 치매전담실의 경우, 가형: 9.9㎡ 이상, 2인실 16.5㎡ 이상, 3인실 23.1㎡ 이상, 4인실 29.7㎡ 이상, 나형: 1인실 9.9㎡ 이상, 다인실 1명당 6.6㎡ 이상이어야 하는 것으로 규정하고 있지만, 장기간에 걸친 요양생활 전개를 고려하면 침실 면적의 확대가 필요하다.

침실에 침대를 둔 상태로 장기간에 걸친 요양생활을 전개하기에는 1인실의 경우 최소한 10㎡ 정도의 면적은 필요하다. 게다가 요양생활의 기간이 길다는 특징을 고려하면, 침실면저이 충분하지 않은 경우에는 수납공간을 그룹홈 내에 별도로 확보하는 것이 바람직하다. 침실 면적이 작은 경우, 침실 내에서의 세면을 생략하기 쉽지만, 세면대를 설치하는 것이 식물에 물주기나 간단한 세탁, 방 청소 등 생활에 다양성이 생겨나기 때문에 바람직하다.

침실의 개구부에 대해서는 허리 높이의 창으로 설계한 사례도 자주 볼 수 있지만, 고령자에게 있어서 야외로의 시야가 좁아질 뿐만 아니라 야외로의 생활전개도 방해되기 쉽다. 침실 내의 개방감, 외부로의 생활행위 전개라고 하는 시점에서 보아도 침실의 개구부는 바닥까지 개방적인 창으로 하여도 좋다. 이 경우, 침실과 외부와의 접점에 툇마루나 발코니 등을 동시에 계획하는 것도 좋다. 한편, 침실에서의 기거방식은 개인의 신체적 조건이나 생활 습관 등에 따라 선호가 달라질 수 있다. 따라서 침실의 바닥면을 플로링으로 할 것인지, 장판 마감으로 할 것인지에 대한 문제에 대해 노인요양그룹홈 입소자 중에는 보행 가능한 고령자도 다수 존재한다는 점, 또 일부 고령자는 입식(침대식)보다 좌식(온돌식)생활에 익숙한 점 등을 고려하여 기본적으로 바닥 난방을 하는 좌식(온돌식)으로 하고 침대 사용에도 문제가 없는 마감으로 하면 될 것이다.

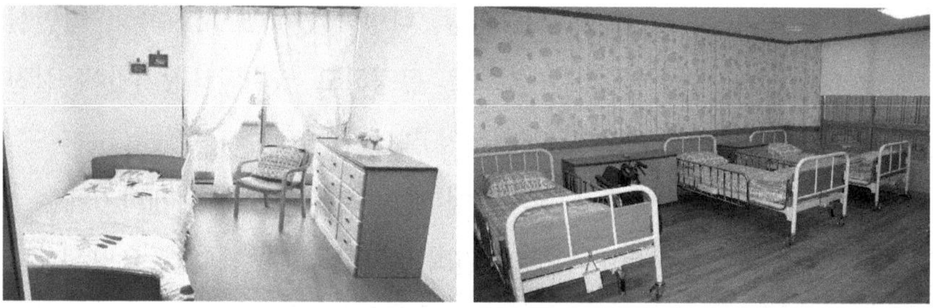

그림 5-9. 노인요양그룹홈의 1인용 침실과 3인용 침실

또, 침실에 화장실을 부속하여 설치하는 것은 홈의 면적이나 건설비용에 밀접하게 관계되기 때문에 의견이 있을 수 있지만, 통상의 주택과 같이 여러 고령자가 하나의 화장실을 공유하는 것이 합리적인 경우도 있지만, 침실 내에 화장실을 설치함으로써 야간 등 고령자 자신이 화장실에 쉽게 갈 수 있고, 케어하기 쉽게 된다. 침실 내에 화장실이 있으면, 실금한 경우에도 다른 입소자가 눈치채지 못하게 화장실로 유

도할 수 있다. 특히, 치매 고령자의 경우, 시각적으로 눈에 띄는가 그렇지 아니한가에 따라 영향 받기 때문에 침실 내에 화장실을 설치하는 경우, 화장실 문이 침대에서 보이는 것이 바람직하다고 할 수 있다. 한편, 침실 내에 화장실을 설치하지 않는 경우, 최소한 한 요양동 내에 집중시키지 말고 분산배치 하는 것이 필요하다.

(1) 침실 사용에 있어서 입식(침대식)과 좌식(온돌식) 시 고려사항

입식(침대식)과 좌식(온돌식) 어느 방식으로 사용하더라도 기본적인 면적은 요양생활 전개에 어려움이 없는 수준으로 배려하여야 한다. 침대식의 경우, 고령자들의 신체적 조건에 따라 일상생활상 다양한 생활서비스를 제공받는데 있어서 편리할 수 있다. 다인실의 경우 침대를 사용하면 개인의 전용적인 공간 확보에 유리하다. 다인실에서 좌식으로 사용하는 경우에는 침대식에 비해 고령자 개인이 점유하여 사용할 수 있는 개인의 영역이 안정적이지 못한 상황이 발생하기도 한다. 좌식의 경우는 취침 중 침대 사용으로 인해 추락위험이 없지만, 기상(起床) 이후 이부자리를 정리, 정돈하여야 하는 번거로움이 발생하는 점에 유의해야 할 것이다.

그림 5-10. 노인요양그룹홈의 침대식 침실과 온돌식 침실

3) 주방과 식사공간

(1) 주방(Kitchen)에 대해

스탭이 직원실 외에서 비교적 많은 시간 체재하는 곳이기도 하며, 입소 고령자가 참가하여 스탭과 같이 식사를 만들기도 하므로 활성화되는 장소이기도 하다. 따라서 식사 준비에 자발적인 참가를 유도할 필요가 있다. 수납공간의 문은 투명유리 등으로 처리하여 내부가 보이도록 하는 것도 도움이 될 수 있다. 또, 복수의 인원이 작업할 수 있도록 하기 위해서는 스페이스를 적절하게 확보하여야 하며, 가열방식은 일반적으로 고령자들에게 친숙하고 안전한 타입을 도입하는 것이 바람직하다. 가열방식으로 일반적인 것은 가스레인지, 인덕션, 하이라이트 등이 있으며, 입소 고령자들과 스탭이 안전하게 사용할 수 있도록 안전장치를 하고 관리에도 어려움이 없는 방식을 채택하여야 한다.

또한, 음식 만들기는 지역과의 관계 속에서 위치 지을 수 있다. 이동판매나 장보기는 물론, 텃밭에서 기른 채소를 식탁에 올리는 등의 옥외와의 연계성도 고려, 음식 만들기를 통하여 자연스럽게 지역의 정보나 계절감을 생활에 관계시킬 수 있도록 적극적으로 도입하는 것이 바람직하다.

그림 5-11. 노인요양그룹홈의 주방과 식당 사례

(2) 식사공간-식당(Dining Room)에 대해

입소 고령자의 식사는 건강 상태 등에 따라 침대 위, 침실 내, 거실, 식당 등에서 이루어질 수 있다. 다만, 입소 고령자의 신체적 조건에 따라 부득이하게 침대 위에서 식사를 할 때나 침대를 벗어난 침실 내에서 할 때는 별도로 케어를 고려하여야 한다.

치매 고령자들은 소그룹으로 나뉘어 식사공간에서 식사를 할 수 있도록 하는 것이 바람직하다. 가급적 3~4명씩 작은 그룹으로 구분하여, 식사 테이블을 매개로 하여 모여서 가정적인 분위기에서 식사를 하면 거주유닛 내에서의 고령자들 간 친밀도를 높이게 되고 인간관계가 좋게 되는 경향이 있다. 따라서 소규모의 특징을 살려 최대한 가정적인 분위기의 요양그룹홈이 되도록 하여야 한다.

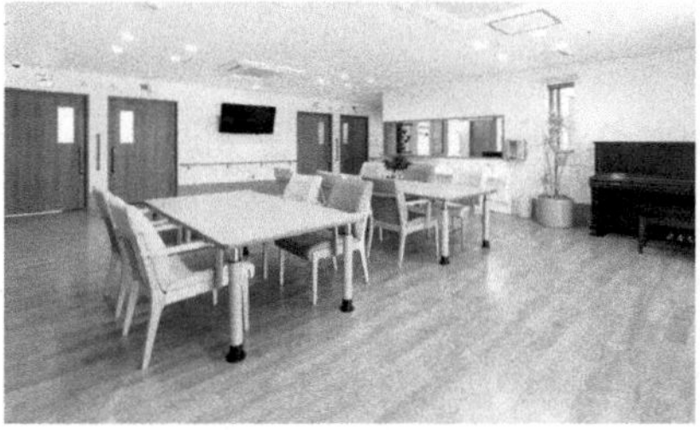
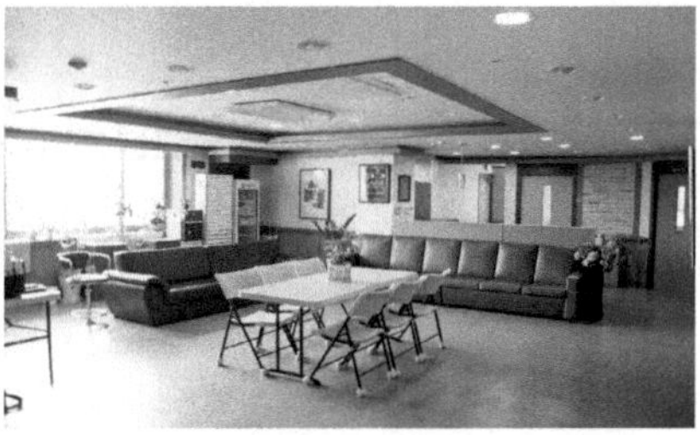

그림 5-12. 노인요양그룹홈의 거실 겸 프로그램실로 사용하는 사례

4) 거실(Living Room-Day Room)

앞에서 언급한 홀형과 같은 공간구성인 경우는 거실 주변을 침실이 둘러싸는 구성이 되기 때문에 거실에는 개구부가 대부분 설치되지 않고, 폐쇄적이고 햇볕이 잘 들지 않는 공간이 되기 쉽다. 침실의 조건에만 우선하지 말고, 거실을 포함한 공용공간에 대해서도 입소 고령자들

이 지내기 좋은 장소가 되도록 배려가 필요하다.

노인요양그룹홈의 거실은 입소 고령자가 요양 생활을 하는 데 있어서 근린관계를 형성하는 중요한 공간적 역할을 하는 곳이다. 인접한 침실 고령자와의 담화, 취미, 여가, 레크레이션 등의 프로그램을 목적으로 주로 머물게 되는 곳이기도 하다. 거실을 공유하는 침실의 고령자 수를 고려하여 적절한 면적 이상이 확보되도록 하고, 주택에서의 거실과 같은 안정적이고 편안한 분위기로 형성하는 것이 필요하다.

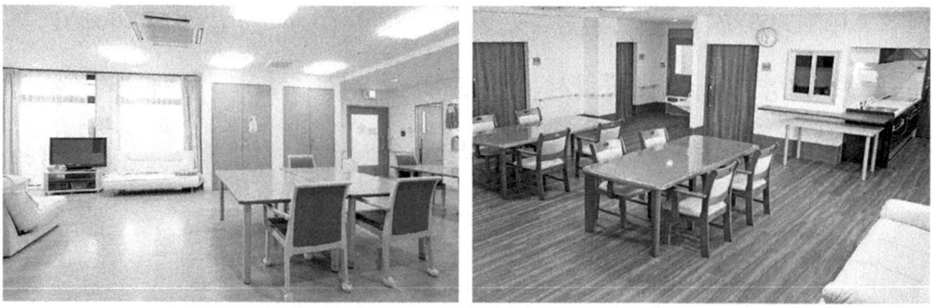

그림 5-13. 노인요양그룹홈의 거실 겸 식당으로 사용하는 사례

공동으로 시청하는 TV, 건강을 위한 헬스 기구, 담소 등을 위한 소파 등을 갖추어 개성 있는 공간으로 형성하는 것이 중요하다. 또한, 식사공간, 프로그램실과 연계하여 운영하는 시설인 경우에는 동일 장소에서 시간 차를 이용하여 가구의 재편성(예: 운동 공간→식사 공간으로 이용 등)을 해야 하므로 이에 따른 공간의 안정감 확보가 배려되어야 한다.

5) 욕실(Bath Room)

넓이는 가정용 정도로 하여도 가능하다. 향후에 케어를 필요로 고령자들의 목욕서비스 요구도가 높아질 경우를 대비하여 몸을 씻는 곳은 약간 넓은 것이 좋다. 욕조는 몸을 씻는 곳으로부터 이승대(移乘臺)를 매개로 하여 입욕이 가능한 높이로 맞추는 것이 바람직하다. 손잡이 등은 가능한 한 필요에 따라 최소한으로 고려한다. 또한, 시중에서 판매하고 있는 욕조에는 별도로 손잡이 등을 설치해야 하는 것을 고려해야 한다.

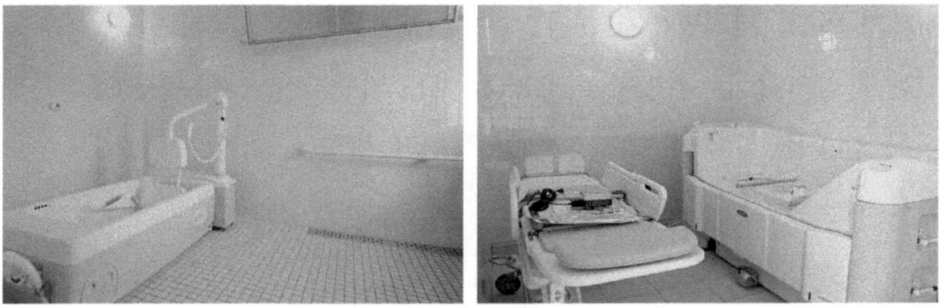

그림 5-14. 노인요양그룹홈의 욕실 사례

6) 화장실(Toilet)

(1) 화장실

화장실의 경우 변기나 세면기 사용에 따른 소음을 최소화 할 수 있도록 배려하여야 한다. 침실 부속화장실과 요양동 공용화장실에는 변기 사용 후 냄새가 남지 않도록 적절한 환기장치(설비)를 갖추거나 외기에 직접 면한 환기창을 설치하는 등의 고려가 필요하다.

또한, 입소 고령자들의 안전한 사용을 위해 보조대를 충실하게 갖추어야 하며, 주·야간 24시간 불특정한 시간에 사용하게 되는 공간임을 고려하여 사용 시 미끄러짐을 방지할 수 있는 바닥마감재를 계획하여야 한다.

나아가, 스탭의 도움이 필요한 상황 발생 시 긴급하게 도움을 요청할 수 있도록 긴급호출시스템을 갖추어야 한다.

(2) 세면대

화장실이나 욕실에 설치하는 세면대의 바닥은 평탄한 것이 좋다. 고령자들이 컵 등을 사용하다가 두는 경우도 있기 때문에 경사가 있으면 넘어져 파손될 수도 있다. 일반적으로 많이 사용하는 냉·온수 겸용의 싱글 레버는 사용에 혼란을 초래할 수도 있다. 코크는 가능한 오래된 형태가 좋다. 마지막까지 이용할 수 있도록 십자형을 사용하는 경우도 있는데 손가락 끝 기능이 약해져도 이용 가능하다. 냉·온수 별도의 레버식 핸들을 설치 하여도 ON/OFF 회전 방향에 대한 오해로 혼란을 일으키는 경우도 있다.

그림 5-15. 노인요양그룹홈의 화장실 설치 사례

7) 스탭실(Care Station)

스탭용의 제실도 카운터 등을 포함하여 입소자를 감시하는 듯한 구도는 피해야 하며, 자연스럽게 시선 케어가 가능하도록 추구해야 할 것이다. 또한, 입소자 고령자와 함께 생활하는 스탭의 입장도 고려하여 고령자요양그룹홈 전체를 자연스럽게 파악할 수 있는 위치에 설치할 필요가 있다.

그림 5-16. 노인요양그룹홈의 서비스스테이션 사례

8) 신경 쓰지 않고 편하게 머무를 수 있는 장소

치매 고령자는 불안하여 침실에 있기보다 다른 사람의 분위기를 느낄수 있는 공용공간(거실-데이룸)으로 나오는 경향이 있지만, 그 경우를 위해서 모두 함께 모이는 리빙 등의 공용공간 이외에도 마음 맞는 사람들끼리 쉰다든가 다른 사람들로부터 조금 떨어져 지낼 수 있는 공용공간 등, 다양한 생활장면의 전개가 가능하도록 크기나 위치 관계를 고려한 몇 개의 별도 장소를 갖추어 두는 것이 바람직하다.

그림 5-17 노인요양그룹홈에서 자유롭게 머물 수 있는 외부공간

다양한 크기의 개성있는 장소가 그룹홈의 내·외부에 설치되면, 입소자 고령자 간 일시적인 트러블 등이 발생하는 경우에도 대응하는 데

도움이 된다. 그러한 반면, 침실 부근에 설치된 작은 휴게공간 등은 요양그룹홈에 입소한 지 오래되지 않은 고령자는 홈에서의 생활에 차츰 익숙해지기까지 다른 사람과의 거리 조절하는 장소로도 사용된다.

이러한 공간이 잘 사용되도록 하기 위해서는 그 곳이 어느 정도 개방된 공간이어야 하며, 안심할 수 있는 공간임과 동시에 그 장소에 걸터 앉아 쉴 때 시선의 확대가 충분히 매력적이어야 한다.

9) 옥외로의 시야 확장 고려

노인요양그룹홈을 계획함에 있어서는 옥외로의 시야 확대를 어떻게 확보하는가 하는 점이 매우 중요하다. 예를 들면, 어떤 노인요양그룹홈에서는 입소자에게 자유롭게 외출할 수 있도록 중정을 설치하고, 그 주변에 복도를 배치하였지만, 복도로부터 시설 밖의 야외 풍경이 전혀 보이지 않아서 중정은 볼 수 있어도 자기 자신이 어디에 있는지, 어느 쪽이 남쪽인지 북쪽인지 알기 어렵게 되어 있는 경우도 있다. 그렇기 때문에 시설 내 공용공간에서 건물 외부의 풍경을 직접 볼 수 있도록 하는 것은 고령자가 자유롭게 생활하고 있다고 느낄 수 있을 뿐만 아니라 고령자의 공간 인지상 고려해야 할 점이기도 하다.

그리고 또, 옥외로의 시야 확대는 고령자의 공간인지에 대한 효과뿐만 아니다. 옥내에 있으면서도 옥외의 상태를 느낄 수 있다는 것은 고령자의 생활을 옥외로 유도하는 계기가 된다. 정원 한쪽에 어린이들이 뛰어다닌다든가, 수목이나 꽃들이 식재되어 있다든가, 세탁물이 바람에 펄럭이는 광경을 보게되면 누구라도 외부로 한 걸은 내딛고 싶어진다.

노인요양그룹홈에서의 일상생활이 내부 공간에서만 완결된다면 입소 고령자에게 있어서 결코 바람직한 것은 아니다. 그러한 의미에서도 고령자 스스로가 자연스러운 형태로 옥외의 모습을 느끼고, 그리고 옥외에서의 활동을 전개할 수 있도록 옥외로의 시야 확대와 옥외공간과의 관계성을 고려하여 계획하여야 한다.

그림 5-18. 내부로부터 외부를 바라보기 쉽게 디자인

10) 인테리어의 계획과 디자인

건축물의 내부 성격은 평면의 형태, 공간의 크기, 시설의 규모, 자연광·인공광의 질, 마감의 종류(겉보기 미려함뿐만 아니라 표면의 텍스쳐나 흡음 성능 등), 가구나 조작의 특징 및 스타일(양식)에 의해 결정된다. 여기서는 국가나 지역별로 문화적 특성 반영되어 다른 것도 중요한 요소이다. 영국에서는 카펫 바닥이 가정적인 환경을 만드는데 불가결하다도 고려되고 있다. 그 결과, 카펫의 청소가 중요한 작업이 되기도 한다.

그러나, 건축가에게 있어서 또 하나의 중요한 문제로 「스타일」이 있다. 건축가는 오랫동안 건축은 현대적인 이미지로 디자인해야 한다고 생각하도록 훈련받아 왔다. 현대적인 재료를 사용하고, 장식이나 디테일을 생략한 깔끔한 마감의 현대건축이다.

그러나 가정적인 디자인에는 다른 생각을 해야 할 것이다. 홈(집)과 같은 환경을 만든다고 하면 집의 특징을 확실하게 이해하여야 한다.

무엇이 집다움을 만들고 있는가 하는 것의 판단은 주관적일 수 있다. 이러한 판단은 한 사람의 인간이 어느 시대의, 어떤 문화 속에서, 어떤 사회·경제적 계층 속에서 자라왔는가 하는 것의 결과라 할 수 있다.

따라서 설계자는 입소 고령자들이 친숙함을 느끼며 집이라고 생각할 수 있는 공간의 타입에 대해 잘 생각하고 이해하는 것이 중요하다. 지나치게 높은 천정고나 지나치게 큰 공간이나 방 등도 더불어 「집」이라고 하는 환상을 빼어버리고 만다. 최악의 경우는 주택에는 사용할 수 없는 듯한 철물이나 위생기구, 수도꼭지 등이 고령자들을 혼란하게 하고, 가끔은 사용 방법을 알 수 없게 하는 사태를 초래한다.

집다운 분위기를 만들어내는 성질에는 다음과 같은 것이 있을 수 있다. 1) 조명의 레벨을 지나치게 밝게 하지 않도록 한다. 2) 색채 사용이 많은 경우, 억제된 미묘한 색 조합으로 심한 대비적인 색은 피한다. 3) 카펫이나 커튼 등의 천이나 벽지에는 가급적 문양이 적은 것을 사용한다.

거실 부분의 인테리어

식당 겸 거실의 인테리어

그림 5-19. 노인요양그룹홈의 개성적인 인테리어 사례

11) 물리치료실(Physical Therapy Room) 등

입소 고령자 개개인의 생활 리듬에 맞추어 선택하여 머무를 수 있고, 사용할 수 있는 다양성이 확보되어야 한다. 입소 고령자의 개성이

다양하다는 것을 전제로 한다면, 큰 규모의 단일한 공간보다는 다양한 규모의 여러 개의 공간을 마련하는 것이 입소 고령자의 다양한 특성에 맞추어 생활하도록 하는데 유리한 환경조건이 된다.

기능훈련실 사례

재활운동실 사례

그림 5-20. 노인요양그룹홈의 물리치료실 / 프로그램실 사례

이외에도 물리치료실이나 작업치료실, 상담실, 봉사자실, 세탁실 등 시설기준에서 규정하고 있는 제반 실과 입소 고령자들의 자유로운 요양생활을 위해 추가적으로 필요한 공간을 자율적으로 적절한 수준 이상으로 갖추어야 한다.

12) 기타 부분

(1) 통로 등의 공용부 안전장치

일반적으로 건강한 가족 구성원으로 이루어져 생활하는 주택에서는 복도 부분 등에 손잡이를 설치하지 않고 생활한다. 그러나, 신체적 장애나 치매와 같은 정신적 장애를 지닌 고령자들이 사용하는 고령자 주택에서나 노인요양그룹홈에서는 신체적 조건으로 인하여 이동 시 불편한 고령자를 위하여 손잡이를 설치하는 것이 바람직하다. 그러나 대표적인 공용부의 하나인 복도 부분에 손잡이를 설치하게 되면 시설 이미지가 강화되기도 한다.

보행자의 자유를 담보하기 위해서는 지팡이, 휠체어 등 다양한 선택을 할 수 있고, 또한 벽에 부착하는 손잡이보다 안전할 수 있다. 벽에 붙여 설치하는 손잡이가 유일한 최고의 보조구는 아니며, 앞서 언급한 것 외에도 기둥, 가구 등을 잘 활용하면 좋은 이용이 가능할 수 있다.

중요한 것은 집과 같은 공간으로서 자연스러운 상태를 유지하는 것에 있다고 생각한다. 집과 감은 공간에 어울리지 않는 것이라면, 입소한 시점부터 고령자는 심리적으로 불안정하기 쉽고 혼란한 상태가 이어지기 쉽다.

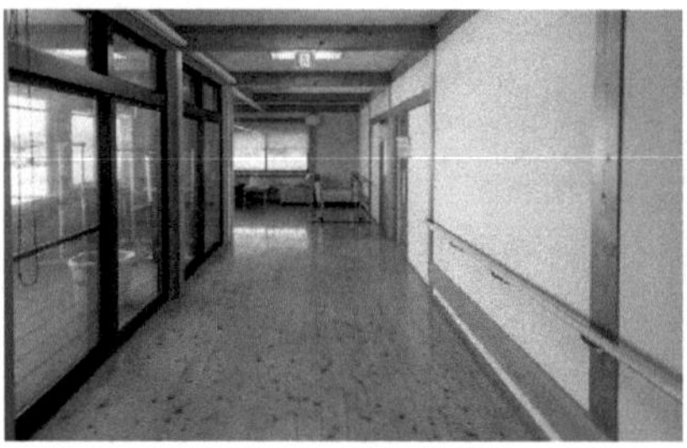

복도부분 손잡이설치

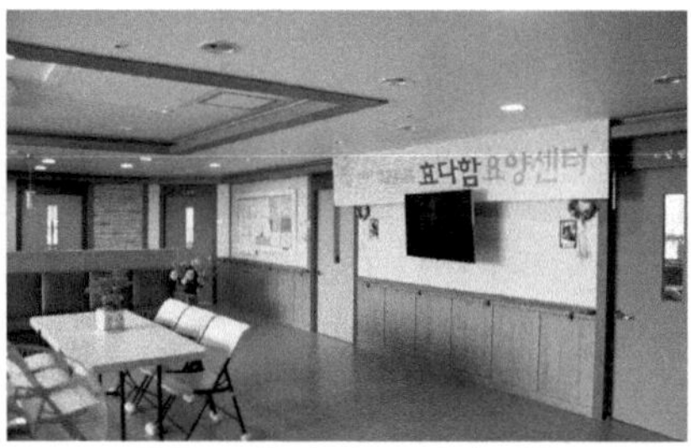

공용부 홀 측벽 손잡이 설치

그림 5-21. 공용부의 안전을 위한 손잡이 설치 사례

(2) 냉·난방에 대해

입소 고령자에게 있어서 실내 온도가 관리되는 방에서 지내는 것은 중요한 일이다. 또한, 계절의 변화를 느낄 수 있도록 하는 것도 중요하다. 입소 고령자에 침실에는 지나치게 차가운 바람이 직접 공급되면 건강을 해치는 경우도 있음을 고려하여, 거실과 같은 준공공영역에 냉

방을 할 수 있도록 하여 통풍을 이용하여 침실에서 시원하게 지낼 수 있도록 하는 것도 한 방법일 것이다. 또는 각 침실별로 침실앞 앨코브 천정면에 냉방 취출구를 설치하여 냉기를 침실로 들이도록 하는 방식 등을 고려할 필요가 있다.

난방에 대해서는 생활 공간 전반에 걸쳐 난방이 필요하다. 치매 고령자들의 안전한 생활을 위해서 전용공간, 공용공간 할 것 없이 기본적으로 바닥 난방을 할 필요가 있다. 또한, 복사난방은 기류에 의한 불쾌감도 적고, 무엇보다도 고령자에게 있어서 주의해야 하는 공기건조로 인한 감기 등에 대한 감염예방이라는 점에서부터도 비교적, 건조를 제어할 수도 있다.

(3) 실내의 쾌적한 공기 환경 유지

입소 고령자들의 장기간에 걸친 요양 생활을 통해 자연적인 가령과 신체적인 건강 수준의 악화로 인해 소·대변은 물론, 식사나 간식 등의 취식 시 실수로 인한 냄새 유발 요인이 증가할 수 있다. 따라서, 침실에 쾌적한 공기 환경의 확보가 가능하도록 외기에 면한 창을 설치하고, 침실부속화장실 형태로 구성할 때는 화장실에 환기설비나 환기창을 별도로 설치하여야 한다. 특히, 개별 침실에서 공용부로 냄새가 전파되지 않는 구조로 계획할 필요가 있다. 입소 고령자가 개별적으로나 단체로 이용하는 공용부에 대해서도 환기조절이 편리한 방법을 강구하여야 한다.

(4) 조명기구에 대해

치매 고령자들은 조명기구와 스위치의 위치 관계를 알지 못하여 점

등할 수 없는 경우도 있기 때문에 침실 등의 실내 조명은 펜던트형 풀 스위치 형식 등을 고려할 필요가 있다.

그림 5-22. 노인요양그룹홈 식사공간의 조명 사례

화장실 조명은 다소 어둡게 해두고, 야간에 일어나 화장실을 이용할 때 화장실 조명이 지나치게 밝으면, 그로 인하여 잠을 깨우게 되며, 그 이후 좀처럼 잠을 자지 못하는 사태도 일어난다는 것을 고려하여야 한다.

(5) 개인 공간에서부터 집단으로 사용하는 공간의 표시

집인가 시설인가 하는 견해의 차이는 표시를 하는 방법에 따라 다르게 느낄 수 있다. 일반적으로 요즘 계획되는 대부분의 노인요양시설은 입소 고령자 개인의 침실이라는 것을 나타내는 무엇인가의 특별한 표시를 문에 붙여두고 있다. 그러나, 이러한 표시로 인하여 진정으로 가정답지 않다고 하는 경우도 있다. 왜냐하면, 실제로 자신의 집에 이러한 표시를 하지 않기 때문이다.

옥외 스페이스에는 바라볼 수 있는 것이 많이 있다. 생활에 이용할 수 있고, 감각적인 자극이 풍부하고, 그리고 순수한 즐거움을 가져다주

는 데 있어서 옥외스페이스가 가진 잠재력을 건축가나 조경디자이너는 가끔 이해 하지 못하기도 한다. 나무들이나 관목의 모습을 보면, 계절의 변화를 알 수 있다. 식물이나 꽃은 색이나 냄새를 가져다줄 뿐만 아니라 가까이서 접함으로써 치료 효과를 올릴 수도 있다. 그러기 위해서는 옥외로의 접근 용이, 안전성, 비를 피할 수 있는 장소, 햇빛이 잘 드는 곳, 그늘 등 이 필요하다. 정원은 건물과 마찬가지로 전문가가 주의 깊게 계획하여 디자인할 필요가 있다.

그림 5-23. 개인 침실의 입구 표시 사례

(6) 색채, 문양

치매 고령자가 주의를 끄는 색을 특정하기는 어렵지만, 표시나 손잡이 등 주의를 끌 필요가 있는 곳은 확실하게 색을 도입하고, 배경과 대조되게 하면 비교적 알기 쉽다.

반대로, 불필요한 곳에는 혼란스럽지 않도록 가능한 단순한 색처리를 하도록 한다. 예를 들면, 바닥 색이 바뀌는 곳에서 단차가 있다고 잘못 생각하기도 한다.

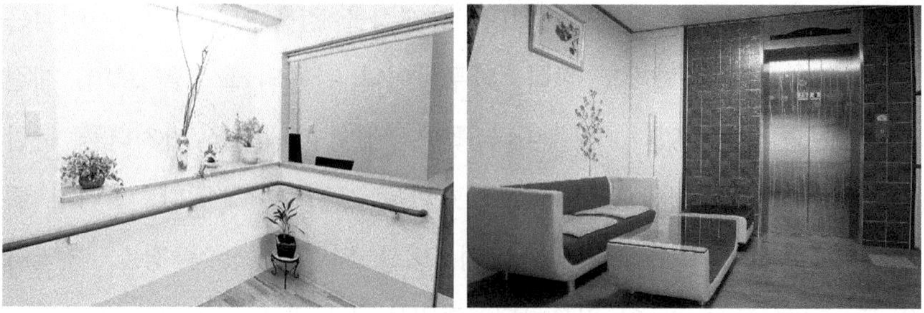

그림 5-24. 노인요양그룹홈의 공용부 색채 적용 사례

문양은 피하는 것이 무난한 사람도 있다. 천정에 문양이 있으면 벌레가 붙어있다고 표현한다든가, 그릇의 문양을 보고 더럽다고 하며 계속하여 씻는 경우도 있다. 색채에 대한 취향은 고령자 개개인에 따라 화려한 것을 좋아하는 사람, 무던한 것을 좋아하는 사람 등 다양하다. 본인의 취향이나 반응을 보면서 선택한다.

(7) 벽, 바닥

노인요양그룹홈의 벽은 더렵혀지기 쉽기 때문에 물로 씻어낼 수 있는 재료로 하면 좋다. 마찬가지로 바닥도 청결 유지나 냄새에 대한 대책 측면에서는 융단을 깔기보다는 바닥재 그대로가 좋다. 맨발로 걷는다든가 바닥에 앉아 오랫동안 그대로 있거나 주무시는 고령자도 있기 때문에 차가운 것을 방지하기 위해서 카펫을 깔기도 한다.

카펫이 깔려있으며 전도되었을 때 충격을 완화시킬 수 있는 장점이 있다. 카펫 자체가 전도를 초래하지 않도록 가장자리 부분에 들떠 있는 부분이 없도록 세심하게 손질해야 한다. 오염되기 쉬운 부분은 피스식의 매트를 조합하여 까는 방법도 있다. 오염된 부분을 뜯어내어 세탁, 건조시키거나 교환할 수 있다.

그림 5-25. 노인요양그룹홈의 공용부 벽, 바닥의 재료 사용 사례

(8) 냄새 제거를 위한 대책

노인요양그룹홈에서는 귀저기 이용자가 많고, 배설한 것을 제대로 전할 수도 없고, 화장실 이외의 장소에서 방뇨한다든가 하는 등의 이유로 냄새가 모이기 쉽다. 일단 냄새가 배면 좀처럼 제거하기 쉽지 않기 때문에 배설물이나 오물은 빠르게 처리하는 것이 최선책이다.

자연환기나 통풍을 배려하는 것이 중요하지만, 사고 방지나 에어컨 이용 등을 고려하여 창을 간단히 열어두지는 않는 시설도 있다. 경우에 따라서는 탈취제, 방향제, 환기장치, 탈취장치 이용을 고려해야 한다.

13) 옥외공간

치매 고령자에 대한 케어가 어려운 것은 하루 중 주간보다도 오히려 야간이라 할 수 있다. 하루 중 케어 스탭의 수가 충분히 있는 시간대는 그렇다고 하더라도 스탭의 수가 적은 야간에는 배회 등의 문제행동이나 주야역전(晝夜逆轉)에 의한 생활 리듬의 변조가 나타나면 적은 스탭으로는 대응하기 어렵게 된다.

생리학에서는 고령기의 수면 리듬은 불규칙적으로 되기 쉽고, 그리고 그것을 방지하기 위한 수단으로는 낮에 옥외에서 햇볕을 받는 것이 중요하다고 한다. 따라서 노인요양그룹홈을 계획할 때 옥외공간의 위치적 의미는 지극히 중요하다.

노인요양그룹홈의 경우, 치매 고령자를 안전하게 혼자서 외출시키는 것은 상당히 어렵다. 따라서, 옥외에서 밭일이나 정원은 손질하는 경우는 아무래도 스탭이 함께하여야 한다.

옥상 녹화 공간(원예)

외부정원

그림 5-26. 노인요양그룹홈 내에서 자유롭게 머무를 수 있는 옥외공간

그러나, 항상 누구에게 도움을 받아야 한다면 본래 옥외에서 느끼는 '자유'도 반감될 것이다. 어느 정도 둘러싸여 스탭이 자연스러운 형태로 지켜보고, 중정이나 데크, 생울타리로 둘러진 옥외공간을 도입하면 효과적이다.

또, 대지 주변에 휀스를 둘러치면 시설처럼 보이고, 고령자 스스로 자신이 부적절한 장소에 수용되어 있다고 인식해버리는 역효과를 낳는다. 치매 고령자는 직감적으로 자신이 놓여진 상황을 느낀다. 알지 못한다고 생각하여 대응하면, 그것이 고령자의 불안감을 초래하며, 많은 시간이 지나도 노인요양그룹홈의 분위기가 가정적으로 되지 않는 폐해를 답습하게 된다.

또, 옥외에서 어떠한 생활이 가능한가(세탁물 건조, 정원 손질, 밭일, 물주기 등) 충분하게 고려해 두는 것이 필요하다. 특히, 남성 입소자의 경우는 조리 등의 가사에 서툰 경우가 있는가 하면, 정원 가꾸기, 물주기와 같은 행위는 좋아하는 경우도 있다. 정원을 설치하는 경우에는 꽃이 피거나 열매가 맺히는 식물, 먹을 수 있는 작물 등, 오감을 자극하고, 계절의 변화를 느끼게 하는 것을 고려하여야 한다. 그리고, 이와 같은 옥외공간과의 만남을 일상적으로 행할 수 있도록 하기 위해서는 노인요양그룹홈을 2층이나 3층 등이 아니라, 1층으로 구성되도록 계획하고, 엘리베이터나 계단을 사용하지 않더라도 옥외공간으로 직접 접근할 수 있도록 해 두는 것이 바람직하다.

5.4 비용

비용(자본 또는 운영유지비)은 어떠한 시설에서도 고려해야 할 기본적인 사항이다. 작은 그룹 단위로 요양생활을 하는 복수의 그룹을 여러 개 합치게 되면 규모면에서 장점을 가질 수도 있다.

건설 시기, 물가 상승, 기타 경제적인 요인으로 인하여 건설비의 상승이 있을 수 있기 때문에 단순 비교는 어렵다. 건설에 투자하는 자금의 가치가 어느 정도인가를 살펴보는데 도움이 될 것으로 생각되는 지표 세 가지를 예로써 들 수 있다.

- 개별 침실의 크기
- 입소 고령자 1인당의 공용스페이스(준공공영과 공공영역에 설치된 거실과 식사장소 등의 면적을 이용자 수로 나눈 값)
- 입소 고령자 1인당의 연면적(전체 바닥면적을 전체 거주자 수로 나눈 값)
- 입소 고령자 1인당 바닥면적은 포함되는 부분에 따라 달라진다. 기준 이외의 이·미용실, 종교실 등 기준 설치시설 이외에 각 시설에서 자율적으로 설치하고자 하는 공간의 포함 여부에 따라 숫자가 달라진다.

5.5 노인요양그룹홈 생활공간 계획사항의 체크리스트

노인요양그룹홈의 계획·설계에 있어서 기본적인 결정에 도움을 제공하고자 하는데 있다. 이 내용은 결코 모든 것을 망라하고 있는 것도 아니며, 노인요양그룹홈의 공간과 그 사용 방법이 보다 적합한 건축물이 되도록 하는데 도움이 되길 바란다.

- 대지는 거주지역 내에 있는가? 근처에는 어떠한 의료시설이나 문화시설과 같은 공공시설이나 상업시설이 있는가? 가능한 많은 것이 좋다.
- 대지에 있어서 건축물의 위치는 인접하는 건축물의 건축선을 존중해야 한다. 계획하는 노인요양그룹홈의 규모나 높이도 마찬가지다.

- 건축물의 디테일이나 재료는 그 지역에 있는 보통 주택과 유사하게 한다.
- 건물의 외부에 붙이는 간판, 표시, 지번 등은 그 건축물이 보통 주택에 붙이는 것과 같은 것으로 하여야 한다.
- 건축물을 클러스터로 형성할 때 공통의 출입구를 설치하는가? 아니면 각각의 클러스터별로 출입구를 별도로 설치하는가? 그것도 아니면 그 두 방법을 혼용하는가?
- 만약, 공통의 출입구를 설치하는 경우, 그곳에 연계하여 공용스페이스를 설치하는 경우, 출입구로 외부인들이 들어올 수 있게 하는가? 그렇게 하면 방문자가 쉽게 들어올 수도 있으며, 공용스페이스의 이용이 증가하게 된다.
- 노인요양그룹홈에 설치하고자 하는 공용스페이스(그룹 전체로 공용하는 스페이스)의 특성을 어떻게 할 것인가? 또 어떻게 사용하도록 할 것인가? 하는데 많은 비용이 소요된다는 것을 잊지 말아야 한다. 가구를 정리하고, 난방을 하고, 청소를 하고, 유지관리를 철저히 하여야 한다. 만약, 자주 사용되지 않고 방치하게 되면 케어환경의 유지관리에도 지장을 초래하게 된다.
- 식사의 준비는 어떤 방식으로 하도록 할 것인가? 모든 정규 식사 또는 간식을 중앙에서 만들어 각 그룹별 또는 클러스터별로 배송하도록 할 것인가? 아니면 각 클러스터에서 모두 준비하도록 할 것인가?
- 식사의 준비나 뒷정리에 어느 정도 입소 고령자의 참가를 상정하고 있는가?
- 소그룹별로 몇 개의 작은 테이블을 갖춘 형태의 레스토랑과 같은

분위기로 사용하게 할 것인가? 그렇지 않으면 클러스터별 입소 고령자 전원이 커다란 테이블에 모여 가족과 같은 분위기로 사용하도록 할 것인가?

- 만약, 침실 내에 샤워 기능이 갖추어진 경우, 욕실의 준비는 어떻게 하는가? 입소 고령자의 입장에서는 자신의 침실에서 프라이버시를 유지하면서 목욕하고, 서비스를 받을 수 있도록 하는 것이 유리할 것이다.
- 건축물의 개구부, 문, 칸막이 등의 인테리어디자인은 주택과 같은 분위기로 하여 전체적인 실내장식과 조화되도록 하여야 한다.
- 가급적 건축물은 간소하고 융통성이 있도록 최대한 노력해야 한다. 기간의 경과에 따라 추후, 중기적으로는 전기설비나 기계설비의 노후에 따른 교체도 가능하게 하고, 장기적으로는 새로운 요구에 부응하는 공간으로 꾸밀 수도 있어야 한다.

제6장 노인요양시설 및 노인요양그룹홈의 사례

더빌리지 (호주)

전경

- 층수 : 1층
- 정원 : 44명
- 침실 : 1인실 23.8㎡,
  2인실 31.2㎡ 등
- 대지면적 : 7,900m²
- 연 면 적 : 2,315m²

공용통로 / 홀

식당

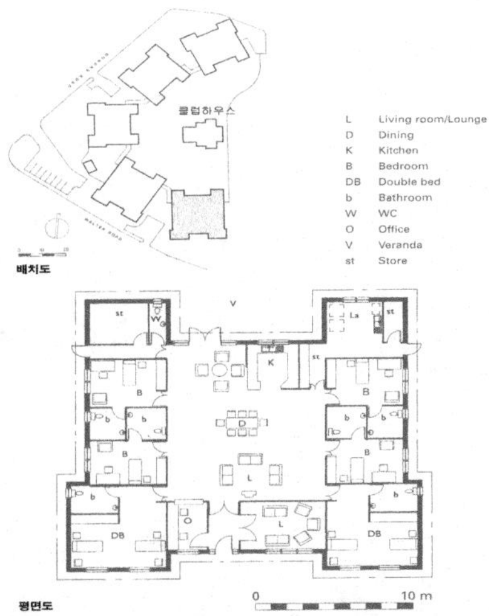

배치도 및 평면도

■ **주요 특징**
- 각 동마다 별도의 명칭을 붙이고, 독립적 인 출입구를 설치
- 복도 부분을 홀과 같이 사용토록 계획함
- 그룹별로 공유하는 거실과 식사실 설치
- 교외 지역에 입지
- 간호홈으로 운영

침실

린데룬 (노르웨이)

전경

- 개원 : 1987
- 층수 : 3층
- 정원 : 15명, 유닛 2개
- 침실면적 : 21.2m² ~ 25.2m²
- 대지면적 : 1,422m²
- 연 면 적 : 1,400m²

침실

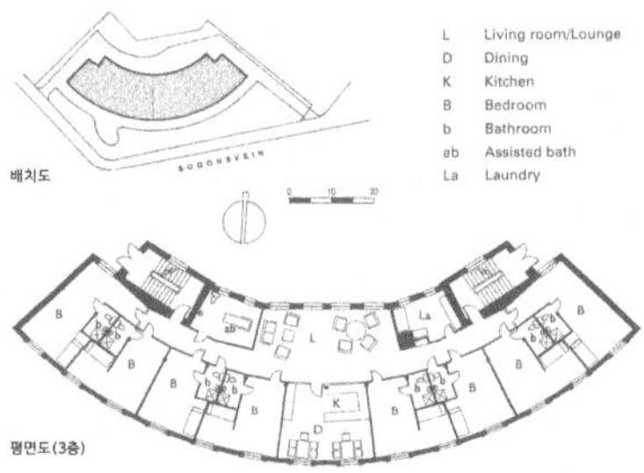

배치도 및 평면

식사실

거실

■ **주요 특징**

- 단일동으로 구성, 반지하에는 데이서비스센터 및 작업장, 창고, 등 보조적 영역 구성
- 건물의 양단부에 계단이 있고, 중앙부에 거실, 주방이 마주보도록 배치하였음
- 외관은 심플한 이미지를 주고 있음
- 1920년대 건물을 리모델링 함 (이전에 호스텔 건물이었음)
- 주거지에 입지, 치매 케어 전문가가 상주하는 레지던셜홈으로 운영

장성프란치스코노인요양시설 (한국)

전경

- 개원 : 1998년
- 층수 : 3층
- 정원 : 80명
- 침실 : 29실(1인실 8, 2인실 3, 3인실2, 4인실 16)
- 대지면적 : 15,170㎡
- 연 면 적 : 4,528㎡

식당

휴게공간

다목적실(예배실)

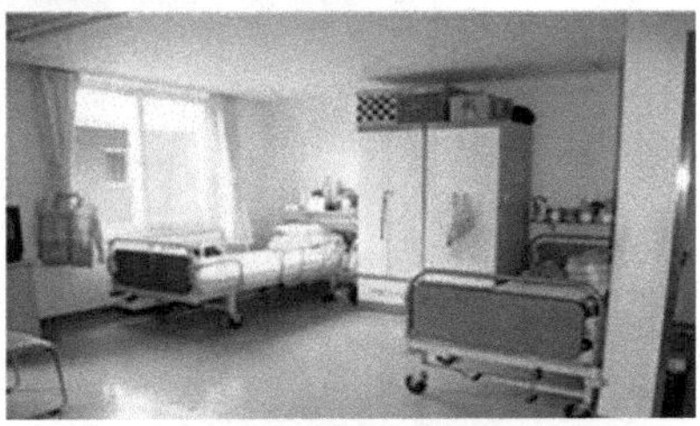

침실(4인용)

■ **주요 특징**

- 예배실을 1층에 설치, 다목적으로 이용
- 식당의 천정고를 높여 개방적으로 구성
- 배회를 위한 ㅁ자형 평면과 복도를 구성
- 중정을 계획하였음
- 4인용 침실이 주를 이루고 있음
- 외관 이미지가 안정적인 분위기를 형성

중정

고성치매전문요양시설 (한국)

전경(남측)

- 개원 : 2001년
- 층수 : 지하 1층 지상 2층
- 정원 : 64명
- 침실 : 12실
- 대지면적 : 3,630㎡
- 연 면 적 : 1,699㎡

식당

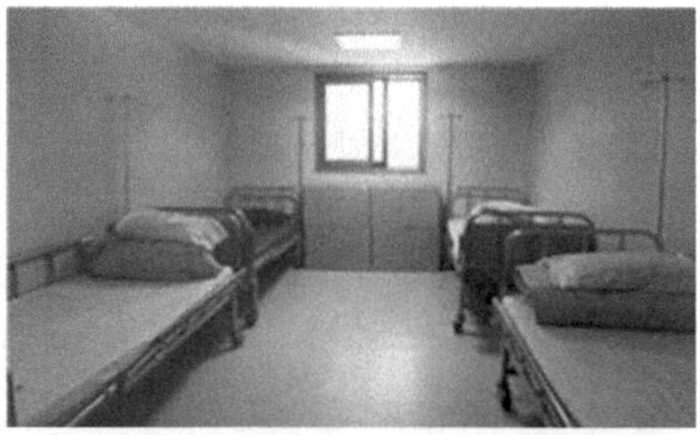
침실(2층)

회랑(배회용 통로)

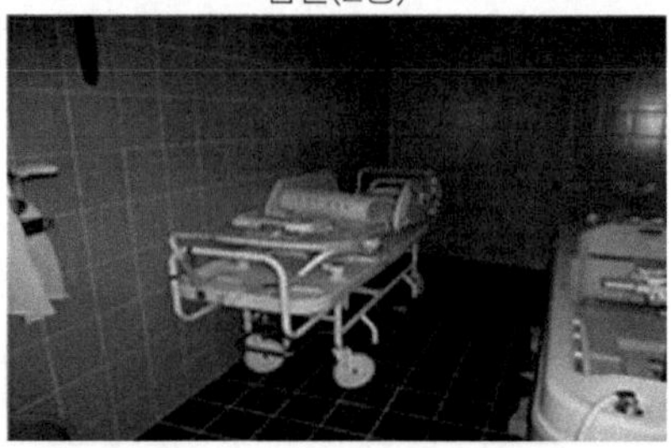
욕실

■ **주요 특징**

- 배회용 통로로 사용할 수 있는 회랑 설치
- 남측 바다 조망을 고려한 개방적인 식당
- 각층 침실군에 소규모 담화실 설치
- 4인용 침실이 주를 이룸
- 치매전문요양시설로 운영

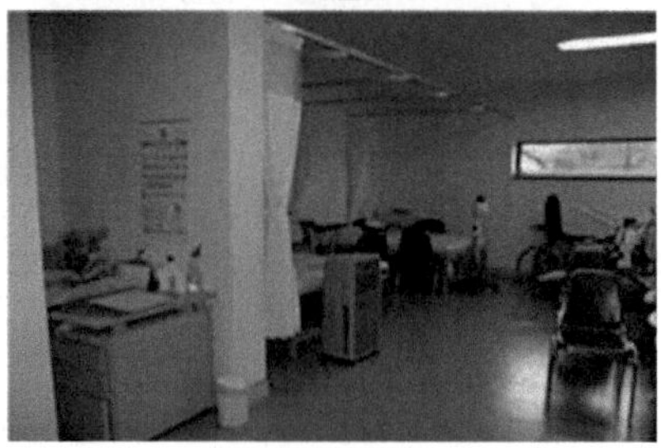
물리치료실

특별양호노인홈 와키엔(和喜園) (일본)

전경

- 개원 : 2000년
- 층수 : 지상 3층/지하 1층
- 정원 : 102명
- 침실 : 79실, 1인실: 15.0~16.2㎡, 4인실: 47.7~47.8㎡
- 대지면적 : 6,809m²
- 연 면 적 : 9,205m²

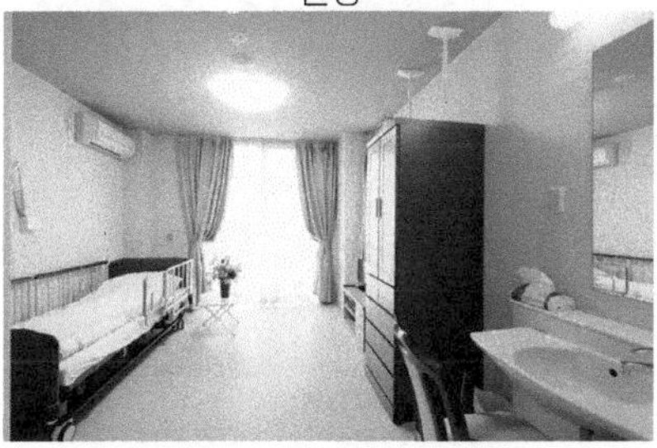
침실

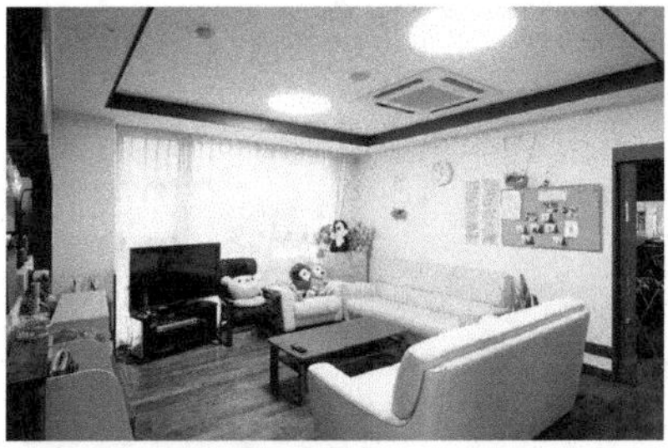
거실

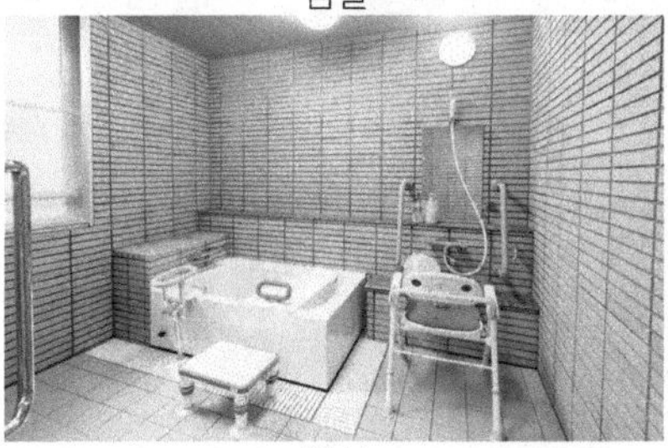
욕실

중정

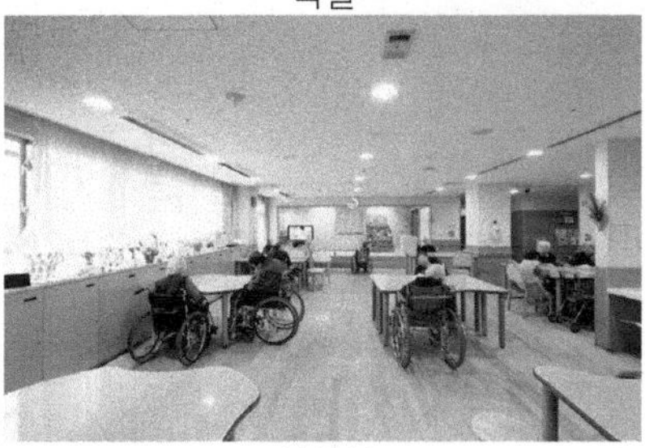
식사실

■ **주요 특징**
- 요양시설 중앙에 중정을 설치
- 침실은 1인실, 4인실 선택 가능
- 거실, 식당, 공용홀을 구분하여 설치
- 신체적 조건을 고려하여 욕실을 2곳 설치
- 공용부에서 중정의 자연을 즐길 수 있음
- 거주계약 형태는 이용권 방식

특별양호노인홈 소레이유온가 (일본)

전경

- 개원 : 2015년
- 층수 : 지상 4층
- 정원 : 60명
- 침실 : 60실
- 대지면적 : 5,634m²
- 연 면 적 : 3,662m²

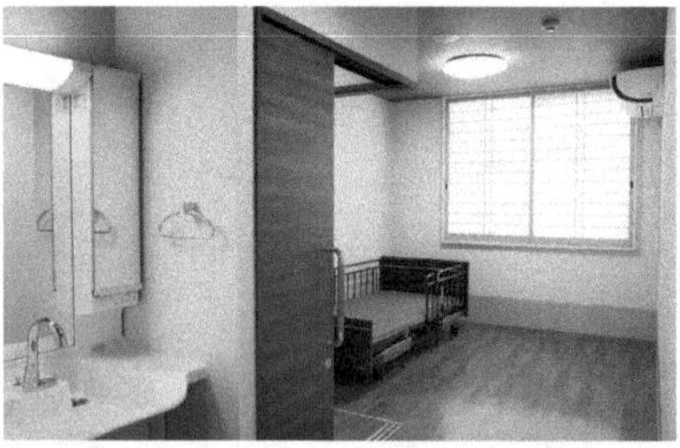

침실(1인실)

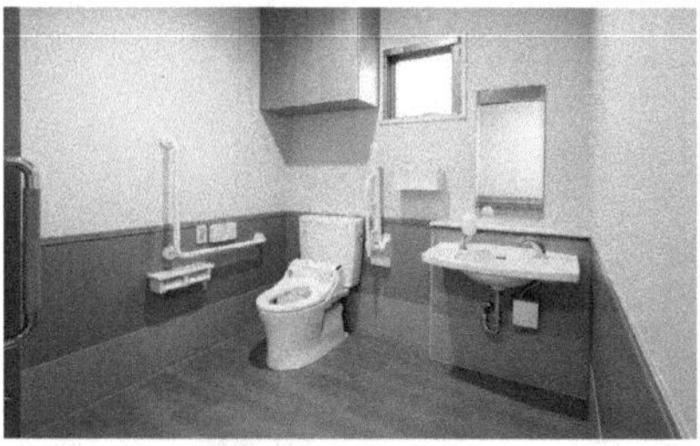

화장실

식사공간과 주방

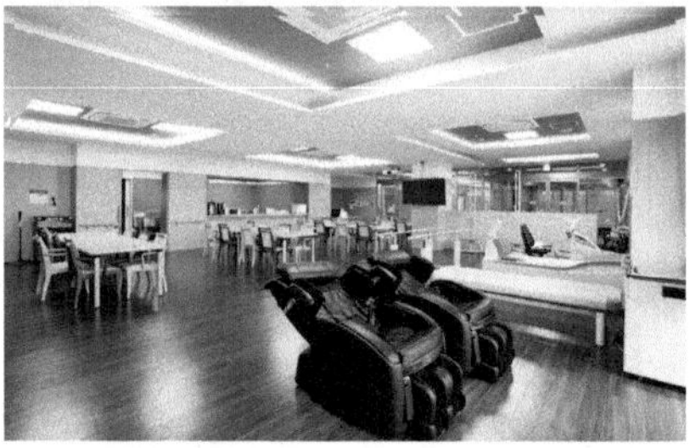

식사공간과 물리치료공간

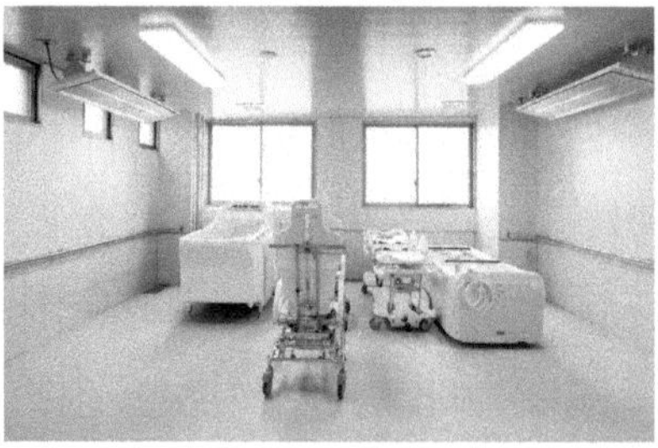

욕실(기계욕)

■ **주요 특징**

- 침실 부문은 전체 유닛형으로 구성함
- 욕실은 입소 고령자의 신체적 조건에 맞추어 이용, 케어가 가능하도록 함
- 시설 내 전체적인 분위기는 안정적이고 통일된 색채로 마감
- 내·외부 공용공간을 충실하게 구성함
- 거주계약 형태는 이용권 방식

노인요양그룹홈 한보리노인요양센터 (한국)

식당

- 개원 : 2010년
- 층수 : 3층(근린생활시설 빌딩 내)
- 정원 : 9명
- 침실 : 3실 (3인실)
- 근린생활시설 내 설치

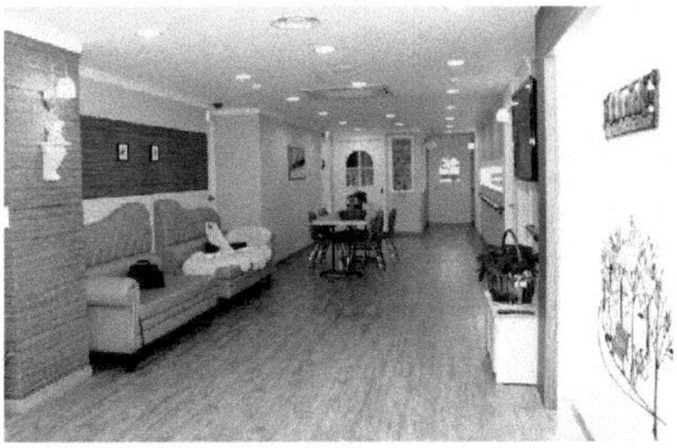

공용홀

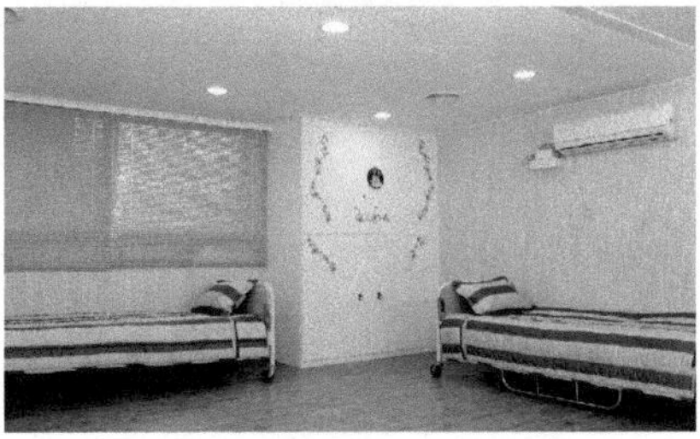

침실

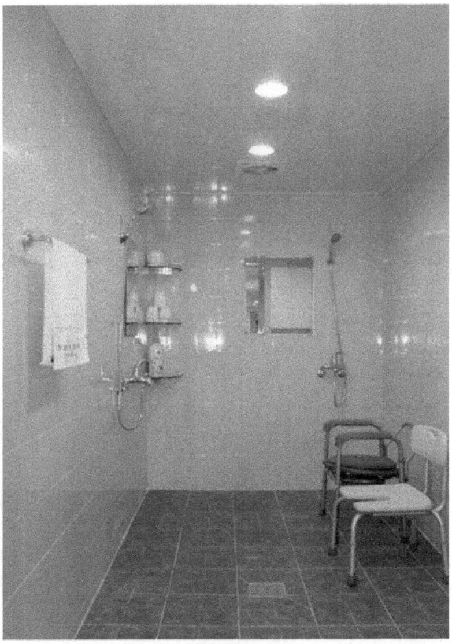

세면/목욕실

■ **주요 특징**

- 시가지 근린생활시설 3층에 설치, 운영하는 특색이 있음
- 외부 이미지와는 다르게 내부 인테리어, 색채 등을 체계적 구성
- 노인요양그룹홈은 근린생활시설 공간과 온전하게 분리됨

화장실

노인요양그룹홈 e햇살복지센터 (한국)

전경

- 개원 : 2012년
- 층수 : 2층
- 정원 : 9명
- 침실 : 3실(4인실 2, 1인실 1)
- 대지면적: 471m^2
- 연 면 적: 319m^2

공동거실

사무실

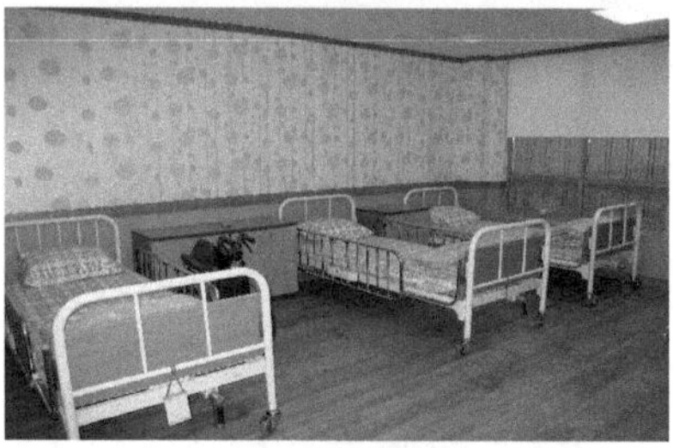

침실(침대식)

침실(온돌식)

■ **주요 특징**

- 전체적으로 독립주택 규모의 분위기
- 개인이 설치, 운영
- 공용침실 2실과 1인용 침실 1실로 구성
- 사무실과 서비스스테이션 확보
- 공동거실 겸 프로그램실 확보

세탁실 / 샤워실

그룹홈 나리타노이고이 (일본)

전경

- 개원 : 2005년
- 층수 : 지상 2층
- 정원 : 18명
- 침실 : 18실
- 침실면적 : 11.84m^2
- 연 면 적 : 593m^2

식당 겸 거실

침실

주방

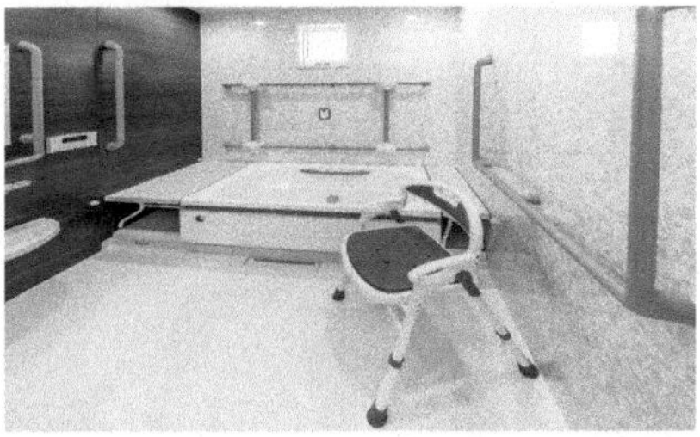

욕실

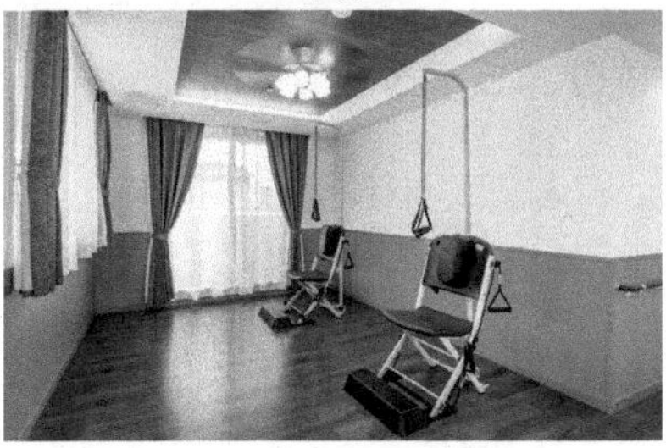

물리치료(기능훈련)실

■ **주요 특징**

- 실내 색채는 전체적으로 통일성 추구
- 공동거실을 침실군에 인접하여 설치
- 침실은 모든 실을 1인실로 구성
- 오픈형 주방과 식사공간을 구성
- 기능훈련과 물리치료 공간 확보
- 욕실은 케어 가능한 여유로운 면적으로 계획
- 거주 계약의 형태는 이용권 방식

그룹홈 민나노이에요코하마이다기타2 (일본)

전경

- 개원 : 2006년
- 층수 : 2층
- 정원 : 18명, 침실 : 18실
- 침실면적 : 12.60m²
- 대지면적 : 684m²
- 연 면 적 : 539m²

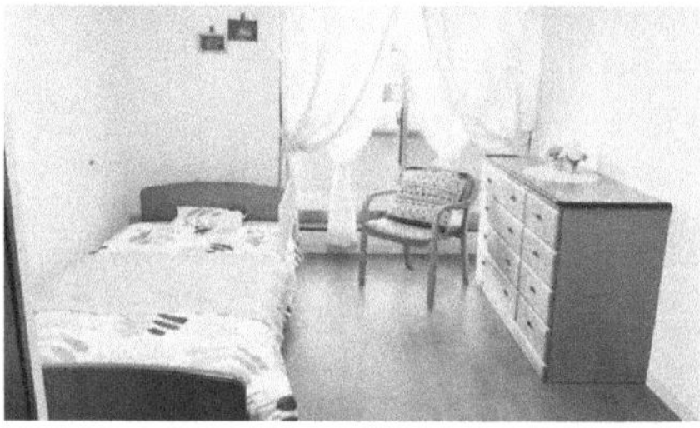

침실

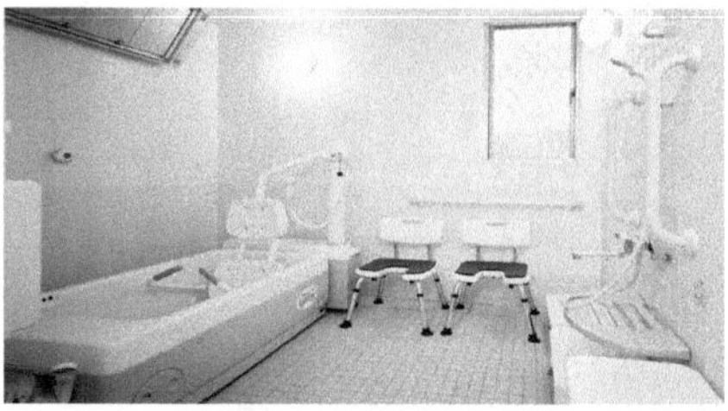

욕실

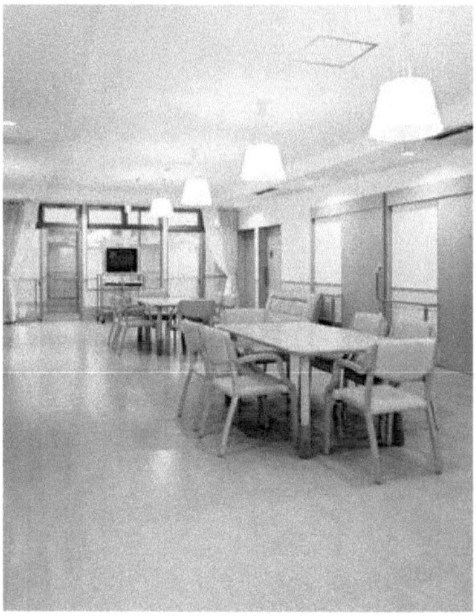

식당 / 공용홀

주차장

■ **주요 특징**

- 침실은 전실 1인실로 구성
- 층별로 식사실을 설치
- 욕실은 기계욕실, 부분케어욕실로 구분
- 주변의 주택과 유사한 이미지
- 거주 계약의 형태는 건물 임대차 방식

개호노인보건시설 오아시스 (일본)

- 개원 : 1996년
- 층수 : 4층
- 정원 : 100명
- 침실 : 100실

전경

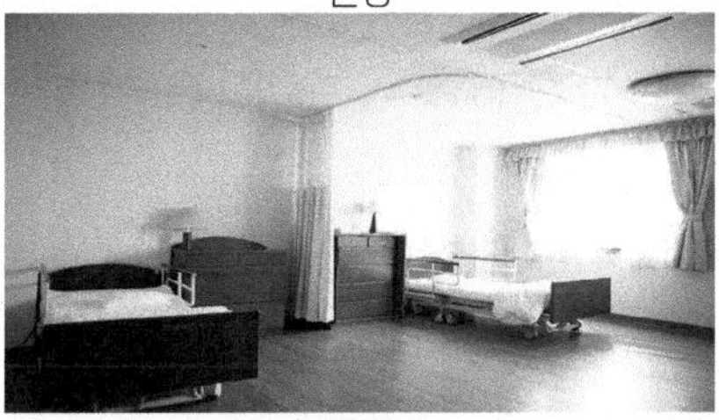

침실

식사실

복도

자유욕 및 부분케어욕실

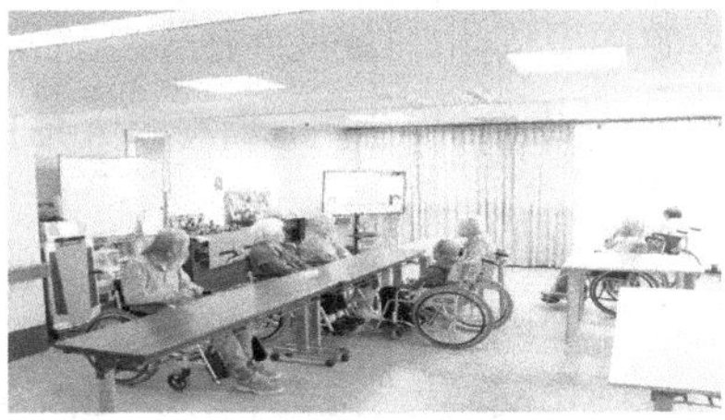

작업훈련실

물리치료실

■ **주요 특징**

- 종래형 1인실 2실, 다인실(4인실) 24실, 다인실(2인실) 1실, 총 27실로 구성
- 1층은 공용존, 2~4층은 침실존
- 이용권 방식으로 이용

참고문헌

- 이관용, 노인건축-한국과 미국을 중심으로-, 세진사, 2003
- 조소영·이창성·김경호, 노인시설관리론, 학문사, 1997
- 建築思潮研究所編, 建築設計資料集34 老人ホ-ム,-高齢者の集合住宅-, 建築資料研究社, 1991
- 建築思潮研究所編, 建築設計資料集93 高齢者のグル-プホ-ム,-癡呆性を和らげる住まい, 建築資料研究社, 2003
- 柄澤昭秀·七田惠子, 癡呆性老人の施設ケア 介護マニュアル, 醫齒藥出版株式會社, 1995
- 竹內孝仁·川村耕造, 施設のケアスキル, 中央法規, 1993
- 井上幸子외 2명, 看護學大系13 老人の看護, 日本看護協會出版會, 1991
- 井上裕·井上浩子(譯), 癡呆を癒す建築, 鹿島出版會, 1999
- 今堀和友, 老化とは何か, 岩波新書, 1994
- 양금석, 入院·入所高齢者の生活展開に着目した高齢者療養施設の建築計劃に關する研究, 東京都立大學 博士學位論文, 1995
- 양금석, 療養施設 入所高齢者의 社會的 行爲에 關한 研究, 한국농촌건축학회논문집, 제2권 3호, 2000.10
- 양금석, 치매전문요양시설 공간이용의 시계열적 변화에 관한 연구, 대한건축학회 논문집 계획계, 제19권 11호, 2003.11
- 양금석, 노인전문요양시설 치매노인의 공간이용패턴에 관한 연구, 한국농촌건축학회논문집, 제8권 2호, 2006. 06
- 권순정외 5명, 노인요양시설의 적정 침실 면적에 관한 연구, 한국의료복지시설학회지 14권 3호, 2008.08
- 추연철·이동숙·윤충열, 노인요양시설의 이용특성 및 공간구성에 관한

연구, 한국농촌건축학회 논문집 제12권 3호, 2010.08
- 양금석, 경남지역 노인요양시설의 공간 특성에 관한 연구, 한국농촌건축학회 논문집, 제23권 4호, 2021.11

치매 고령자의 요양환경

1판1쇄 2023년 12월 14일

저자 양금석
발행인 이경화

발행처 디자인21
주소 04560 서울특별시 중구 퇴계로 293-1 3층
전화 02-2269-6561(대)
팩스 02-2269-6568
e-mail 21publish@naver.com
블로그 https://blog.naver.com/publish21
홈페이지 https://21publish.co.kr

등록번호 제1-1128호
등록일자 1991.2.12

ISBN 978-89-6131-133-5 03810

정가 20,000원